Dirk Wieczorek

US FIRE ENGINES

Amerikanische Einsatzfahrzeuge

EFB

Die Deutsche Bibliothek – CIP-Einheitsaufnahme
US Fire Engines - Amerikanische Einsatzfahrzeuge
Dirk Wieczorek
1. Auflage – Erlensee/Köln: EFB-Verlag, 2000
ISBN 4-88776-118-9

1. Auflage 2000

Printed in Germany
ISBN 4-88776-118-9

Inhaltsverzeichnis

Vorwort

Fire Apparatus bedeutet streng übersetzt Feuerwehrgerät. Im allgemeinen Sprachgebrauch sind mit diesem Begriff aber die Fahrzeuge der Feuerwehren gemeint.

Nordamerikanische Feuerwehrfahrzeuge haben schon immer einen besonderen Reiz auf den interessierten Betrachter ausgeübt. Sehr selten wurden in früheren Publikationen mehrere Ansichten der abgebildeten Fahrzeuge veröffentlicht. Dem nur am Vorbild interessierten Fahrzeugfreund mag eine Ansicht reichen, aber für Modellbauer ist dies zu wenig. Aus diesem Grund werden in diesem Buch erstmals nahezu alle Fahrzeuge mit mindestens zwei, vielfach auch mehr Ansichten vorgestellt.

Bei der Bildauswahl aus einigen tausend Fahrzeugbildern habe ich Wert darauf gelegt einen möglichst großen Querschnitt der heute in den USA im Dienst befindlichen Fahrzeuge darzustellen. Einige Oldtimer ergänzen die Bildauswahl.

Selbstverständlich kann dieses Buch keinen Anspruch auf Vollständigkeit erheben. Dies ist bei der Vielfalt der in den USA gebauten Fahrzeuge auch nahezu unmöglich. Viele der gezeigten Fahrzeuge sind seltene, teilweise einmalige Einzelstücke, sei es im Bezug auf das Fahrgestell, den Aufbau oder die Lackierung. In diesem letzteren Bereich sind den amerikanischen Fire Departments keine Grenzen gesetzt, da die bestehenden Normen keine Vorschriften bezüglich der Fahrzeugfarbe machen. Diesen Einzelstücken ist ein umfangreicher Teil dieses Buches gewidmet. Trotzdem sind die meisten Fahrzeuge in den USA, wie auch hierzulande, rot lackiert.

Alle Fotos in diesem Buch wurden während mehrerer US-Reisen abgelichtet. Meistens konnten die Fahrzeuge vor einem neutralen Hintergrund positioniert werden. Schwierige Verkehrsverhältnisse, insbesondere vor Wachen in Großstädten, trugen dazu bei, das einige Fahrzeuge nicht vor dem bestmöglichen Hintergrund fotografiert werden konnten. Die Feuerwehrleute mußten teilweise wahre Kunststücke vollbringen um die Fahrzeuge zu positionieren. Hierfür gebührt mein Dank allen Firefightern die die Zeit und Mühe aufgebracht haben, mich mit meinen Fotowünschen zu unterstützen.

Bevor ich mit dem ersten Kapitel beginne, möchte ich noch kurz einige Erläuterungen zu den Bildunterschriften geben:
Die erste Zeile gibt Auskunft über den Standort des Fahrzeugs, mit der Angabe des jeweiligen Bundesstaates. Viele Städte verfügen über mehrere eigenständige Fire Companies, deren Name in diesem Fall vor dem der Stadt steht. Bei Werk- und Flughafenfeuerwehren steht ebenfalls zuerst der Name der Firma oder des Flughafens.
In der zweiten Zeile wird der Typ des Fahrzeugs mit der zugeordneten Nummer beschrieben. Großstädte numerieren ihre Fahrzeuge im allgemeinen durch, wobei durchaus Nummern in der Chronologie fehlen können. Dies ist oft historisch begründet, zum Beispiel durch die Schließung von einzelnen Wachen oder durch das Zusammenlegen mehrerer Fire Departments. Counties (Landkreise) verfahren in der Numerierung ähnlich. Hierbei stehen die ersten ein oder zwei Ziffern meist für die Wache, während die letzten Ziffern das Fahrzeug beschreiben. Daher kann von der Nummer des Fahrzeugs nicht auf die Anzahl der Fahrzeuge bei dem zuvor genannten Fire Department zurückgeschlossen werden.
In der dritten Zeile wird zuerst der Fahrgestellhersteller und danach der oder die Aufbauhersteller des Fahrzeugs, sowie der jeweilige Typ angegeben. Sind Fahrgestell- und Aufbauhersteller identisch wird dies nicht zweimal erwähnt. Bei Drehleitern, Gelenkmasten und Löscharmen steht zuletzt die Länge der Leiter, beziehungsweise des Mastes.
Die vierte Zeile gibt das Baujahr an, gefolgt von der Pumpenleistung und dem Tankvolumen in der fünften Zeile.
Alle Maßangaben sind in US-amerikanischen Einheiten angegeben.

Und nun wünsche ich Ihnen viel Spaß beim Lesen und den Modellbauern unter Ihnen viele Anregungen.

Dirk Wieczorek

Pumper

Das Standardfahrzeug der US-Feuerwehren ist der Pumper, meist auch Engine genannt. Der Standard-US-Pumper hat eine Pumpe, Wassertank und einen Schlauchvorrat und wird daher auch als Triple-Combination-Pumper (Dreifach-Kombination) bezeichnet. Wurden in der Vergangenheit die Fahrzeuge mit offenen oder halboffenen Kabinen gebaut, so sind heutzutage aus Sicherheitsgründen nur noch Fahrzeuge mit vollständig geschlossenen Kabinen zugelassen. Ebenso ist das traditionelle Mitfahren auf dem Heck des Fahrzeugs heute verboten. Die Pumpenleistungen variieren im Normalfall zwischen 500 und 2000 Gallonen pro Minute (GPM). Auch größere Pumpenleistungen können vereinzelt angetroffen werden. Nahezu alle Aufbauhersteller verwenden Pumpen der vier wichtigsten Pumpenhersteller Hale, Waterous, American Godiva und Darley. Wassertanks haben überwiegend eine Größe zwischen 500 und 1000 Galonen. Im Gegensatz zu den meisten europäischen Löschfahrzeugen diente ein amerikanischer Pumper bisher ausschließlich der Brandbekämpfung. Erst in den letzten Jahren kamen mit hydraulischem Rettungsgerät ausgestattete Rescue-Pumper und sogenannte Paramedic-Engines auf, die speziell als First-Responder Fahrzeuge mit medizinischem Gerät ausgestattet sind. Vielfach sind moderne Pumper auch mit einem Generator und Beleuchtungsmaterial ausgestattet. Die Größe der Kabinen war in der Vergangenheit bei den hinten offenen Kabinen (Canopy Cabs) auf 4-5 Sitzplätze begrenzt, während heute bei modernen Fahrzeugen mit geschlossenen Fahrerhäusern in der Regel Kabinen mit 6 Sitzplätzen überwiegen. Vor allem freiwillige Feuerwehren nutzen mittlerweile auch Kabinen mit bis zu 10 Sitzplätzen.
Bei den Fahrgestellen werden zwei verschiedene Grundformen unterschieden, das Commercial-Chassis, ein Standard-LKW-Fahrgestell und das speziell für Feuerwehrfahrzeuge gebaute Custom-Chassis. Beim Letzterem kann der Besteller sämtliche Sonderwünsche, wie spezielle Getriebe, Achsen, Motoren und vieles mehr mit einfließen lassen kann. Ein mit einem Satz Schieb- und Standleitern (Ground-Ladders) ausgestatteter Pumper wird als Quad (Vierfach-Kombination) bezeichnet. Diese Fahrzeugart ist allerdings heutzutage nur noch sehr selten anzutreffen. Sehr häufig findet man dagegen den Quintuple oder Quint (Fünffach-Kombination), der zusätzlich noch mit einer Hubrettungseinrichtung versehen ist.

Edgely Fire Company,
Bristol, Pennsylvania
Antique-Engine
Mack L
Baujahr 1951
750 gpm 250 W

Dieser hervorragend restaurierte Mack L Pumper, dient heute nur noch als Paradefahrzeug.Der Typ L wurde zwischen 1940 und 1956 gebaut.

This perfectly restored Mack L pumper is only used for parades nowadays. The type L was built between 1940 and 1956.

Lutherville FD, Maryland
Antique-Engine
Mack B 85
Baujahr 1954
750 gpm 250 W

Der Typ B wurde als Nachfolger des Typs L von 1953 bis 1966 gebaut. Dieses Fahrzeug ist in den Farben des Lutherville FD lackiert.

Mack´s B-model replaced the L-range in 1954 and was built until 1966. This apparatus is painted in the colours of Lutherville FD.

Seattle FD, Washington
Antique-Engine
Mack B 21 F/Heiser
Baujahr 1958
1500 gpm 250 W

Das Seattle Fire Department hat sich in seine 1958 beschafften Mack B-Pumper einen besonders leistungsstarken Motor von Hall-Scott einbauen lassen, um das sehr hügelige Gebiet der Stadt besser bewältigen zu können.

Seattle FD, WA, choose powerful Hall-Scott engines for their 1958 Mack B pumpers to get better to the city´s hilly regions.

Port Vue Vol. FD, Pennsylvania
Engine 19 – Mack R 611 F-7
Baujahr 1967
750 gpm 500 W

Einen besonders attraktiven Mack R-Pumper besitzt das Volunteer Fire Department Port Vue. Das 1967 gebaute Fahrzeug hat die zu diesem Zeitpunkt bereits selten gewordene traditionelle offene Kabine. Bis zum Ersatz durch ein neues Mack MR-Modell 1995 befand es sich noch im ersten Abmarsch.

Port Vue Vol. FD, operated this attractive Mack R-type pumper. The 1967 engine sports the traditional open cab design, an already rare feature at that time. The pumper run as first turn-out appliance until its replacement by a Mack MR-model in 1995.

Gendale Hose Company Scott Township, Pennsylvania
Engine 16-4 – Mack R 600/Emergency-One
Baujahr 1976 Umbau 1994 – 1500 gpm 500 W

Dieser Pumper aus dem Raum Pittsburgh ist eines von vielen Beispielen neu aufgebauter und von Grund auf sanierter Fahrzeuge. Dieses "rebuilding" von Feuerwehrfahrzeugen wird heute sehr gerne gemacht, um Kosten zu sparen und die Lebensdauer eines Fahrzeugs zu verlängern. Die Kabine wurde hierbei entgegen der üblichen Bauweise in den Aufbau integriert.

This pumper from the Pittsburgh area is one of a lot of examples of rebuilt fire engines. The rebuilding of fire apparatus is very common today to save money and to extend the live of a fire apparatus. Unusually the cab was integrated in the coachwork.

Winchester FD, Tennessee
Engine 3
Mack C 95
Baujahr 1968
1000 gpm 500 W

Der erste Custom-Frontlenker, den Mack auf den Markt brachte, war der Typ C, der aus der Konkursmasse von Ahrens-Fox übernommen wurde.

The C-type was the first custom built COE-type Pumper made by Mack. The C-model was from the assets of Ahrens-Fox´s bankruptcy.

Hummels Wharf FD, Pennsylvania
Engine 7-1
Mack MB 611 FC/Swab
Baujahr 1975 Umbau 1995
1000 gpm 1500 W

Der Mack MB wurde hauptsächlich als Chassis für Kommunalfahrzeuge konzipiert, ist aber auch oft als Fahrgestell für Feuerwehrfahrzeuge verwendet worden. Dieser Pumper wurde von Swab vollkommen umgebaut.

The Mack MB-chassis basically was designed for municipal vehicles, but often was used for fire apparatus, too. This pumper was completely rebuilt by Swab.

Hartford FD, Connecticut
Engine 5
Mack MR/Saulsbury
Baujahr 1994
1500 gpm 500 W

Nachfolger des Mack MB wurden ab 1978 die Typen MC und MR. Äußerlich sind beide Typen gleich, der Mack MR ist nur eine etwas schwerer gebaute Version des MC. Bei diesem Fahrzeug sind die Scheiben der Mannschaftskabine vergittert, da man hier schon oft unangenehme Erfahrungen mit weniger freundlich gesonnenen Zeitgenossen gemacht hat.

Mack´s MC- and MR-models replaced the MB-range in 1978. Similar in appearance from the outside, the MR is a heavier version of the MC-type. This vehicle´s crew-cab windows are protected with anti-riot girders resulting of unpleasant experiences.

Port Vue FD, Pennsylvania
Engine 19-1
Mack MR 688 P/4-Guys
Baujahr 1995
1500 gpm 1000 W

Nachfolger des auf Seite 7 vorgestellten Fahrzeugs wurde dieser attraktive Pumper. Er ist unter anderem ausgestattet mit 1300 Fuß 5 inch-Schläuchen.

This attractive pumper is the successor to the vehicle shown on page 7. Among others it is equipped with 1300 feet of 5 inch hoses.

Department of Correction, New York City, New York
Mack CF - Baujahr 1981 in Dienst 1995 - 1000 gpm 500 W

Auf Rikers Island befindet sich das Gefängnis von New York City. Zum Schutz der Anlagen unterhält das Department of Correction dort eine eigene Werkfeuerwehr. Dieser ehemalige Pumper des New York City Fire Department wurde in den eigenen Werkstätten restauriert und in den Hausfarben des DCNY lackiert. Der Typ CF wurde zwischen 1967 und 1991 gebaut.

New York City´s prison is located on Rikers Island. The Department of Correction operates a special fire service for the the protection of these facilities. This old pumper formerly in use with FDNY was refurbished at the department´s own workshops and painted in DCNY-livery. The Mack CF was built between 1967 and 1991.

Fire Department of the City of New York, New York

Engine 159	Engine 324
Mack CF/Ward 79	Mack CF/Ward 79
Baujahr 1989	Baujahr 1987
2000 gpm 500 W	2000 gpm 500 W

Insgesamt sechs 2000 gpm Pumper besitzt das FDNY. Neben ihren eigenen normalen Ausrückebezirken haben diese Pumper zusammen mit 6 Schlauchwagen die Aufgabe, die Brandbekämpfung bei Großbränden zu unterstützen. Dieses sogenannte Maxi Water System ersetzte Anfang der 80er Jahre das berühmte Super Pumper System.

The FDNY owns in total six 2000 gpm pumpers. Apart from covering their allocted protection-areas they are used to assist at larger fires together with 6 hose-wagons. This so called Maxi Water System replaced the famous Super Pumper System in the early eightys.

West End Fire Association, Kulpmont FD, Pennsylvania – Engine – American LaFrance 700
Baujahr 1949 – 750 gpm 500 W

Mitten im Kohlegebiet von Pennsylvania liegt der kleine Ort Kulpmont. Die West End Fire Association, eine von zwei Fire Companies in der Stadt, fährt traditionell schwarze Fahrzeuge. Der ALF 700 gilt als der erste speziell für Feuerwehren gebaute Frontlenker. Es gab zwar einige Jahre vorher schon den Typ JO/JOX von ALF, dieser wurde aber nur in geringen Stückzahlen für Drehleitern verwendet.

In the middle of Pennsylvania´s coal-mining region the small city of Kulpmont is situated at. West End Fire Association, one of two fire companies in the city, traditionally uses fire engines painted in black colour. The ALF 700 is regarded as the first purposely built COE-chassis for fire-engines. A few years before ALF also had introduced the JO/JOX-chassis of which only a few were built for aerial ladders.

Scottdale FD, Pennsylvania
Engine 58-1
American LaFrance 900
Baujahr 1965
1000 gpm 500 W

Gegen Ende der sechziger Jahre wurden Feuerwehrfahrzeuge mit traditionellen offenen Kabinen bereits sehr selten. Trotzdem bestellte sich das Scottdale FD seinen Pumper vom Typ ALF 900 in dieser Ausführung.

Towards the end of the sixties engines fitted with open cabs were only the exception. Nevertheless Sottdale FD ordered its pumper in this combination.

Linden FD, New Jersey
Engine 6
American LaFrance 1000
Baujahr 1970
1000 gpm 300 W

1970 kam zum Standardtyp 900 die verbesserte 1000er Serie hinzu. Die beiden Baureihen wurden bis 1973, als die Century-Serie vorgestellt wurde, parallel gefertigt. Selbst nach Einführung des Centuries wurde die Serie 1000 noch einige Jahre weitergebaut.

In 1970 ALF presented the improved 1000 series in addition to the standard 900 series. The two types were built together for a few years until the Century series was introduced in 1973. Also after the introduction of the Century the 1000-range was carried on for another few years.

Boeing FD, Boeing Field Seattle, Washington
Engine 10
American LaFrance Century
Baujahr 1982
2000 gpm 500 W 50 S

Insgesamt 3 Werke betreibt Boeing im Großraum Seattle. Neben einer Reihe von Flugfeldlöschfahrzeugen besitzt jedes Werk auch jeweils einen Pumper. Seit den fünfziger Jahren vertraute man hier auf American LaFrance.

In the Seattle area there are a total of three Boeing plants. Each plant´s fire service has got a number of crash-fire-rescue vehicles and additionally one pumper. Since the fifties Boing relied with American LaFrance for these pumpers.

Albany FD, New York
Engine 11
American LaFrance Century 2000
Baujahr 1990
1500 gpm 500 W

Nachfolger des lange Zeit gebauten Century wurde der Century 2000. Albany, Hauptstadt des Bundesstaates New York, besitzt eine ganze Flotte dieser Fahrzeuge. Der Century 2000 war der letzte echte ALF Typ, der in großen Stückzahlen gebaut wurde.

The ALF Century 2000 followed to the Century-series which was produced for a long term. Albany, Capital of New York State, runs a number of these vehicles. The Century 2000 was the last real ALF-model being built in large numbers.

Hazard FD,Kentucky
Engine 1
American LaFrance Patriot
Baujahr 1993
1500 gpm 750 W

Die letzte Neuentwicklung von ALF vor dem endgültigen Konkurs war der Patriot. Leider war die Kabine des sehr formschönen Fahrzeugs eine Fehlkonstruktion, die ALF auch nicht mehr retten konnte. Insgesamt wurden vom Patriot nur ca. 10 Exemplare gebaut.

The Patroit was ALF´s last innovation before the final bankruptcy. Unfortunately the construction of the cabin was a failure and the construction was not able to save the company. In total not more than 10 examples of the Patriot were built.

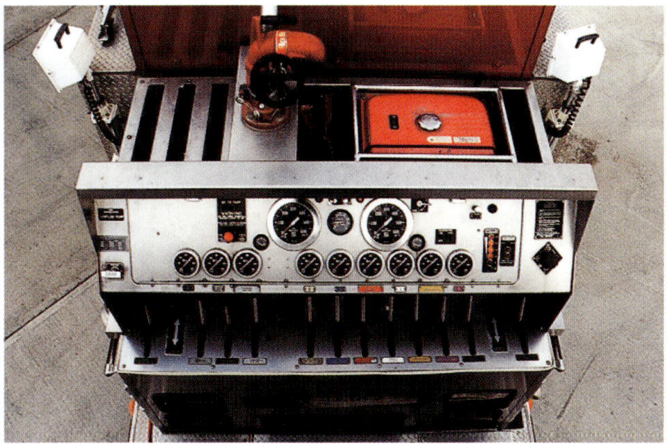

Missoula Rural Fire District, Montana
Engine
American LaFrance Pioneer III
Baujahr 1979
1250 gpm 750 W

Als kostengünstigere Alternative zu den Baureihe 900, 1000 und Century bot ALF den mehrfach weiterentwickelten Pioneer an. Die ersten "Pioneers" kamen 1964 auf den Markt.

Since 1964 ALF offered the Pioneer-range as a cheaper alternative to the series 900, 1000 and Century. The construction was improved several times during this time.

Valley Hill FD, Hendersonville, North Carolina
Engine 1 – American LaFrance Eagle/Saulsbury
Baujahr 1997 – 2000 gpm 750 W

Vor einigen Jahren wurde der Markenname American LaFrance von Freightliner aufgekauft. Seit 1997 wird der neue Typ Eagle auf Freightliner Fahrgestellen mit großem Erfolg verkauft. Valley Hill erhielt den ersten Pumper auf diesem Fahrgestell.

A few years ago Freightliner purchased the brand American LaFrance. Since 1997 the new Eagle has been built on Freightliner chassis with great success. Valley Hill FD received the first pumper on this chassis.

Greensburg FD, Pennsylvania
Engine 3 – Seagrave PB
Baujahr 1978 – 1000 gpm 500 W

Der Seagrave Typ P folgte 1969 der etwas schmaleren aber ansonsten optisch gleichen Typ K-Kabine und wurde bis 1982 gebaut. Seagrave gehört heute zu den letzten traditionsreichen Herstellern von Feuerwehrfahrzeugen in den USA. Cremegelb/rot sind die Hausfarben des Greensburg FD.

In 1969 the Seagrave P-model succeeded the type K-cabin, which was a little narrower but otherwise identical. The P-model was built until 1982. Seagrave today is one of the few remaining manufacturers with tradition in building fire engines. Greensburg FD´s vehicles are painted in a combination of creme-yellow and red.

Delta-Cardiff Volunteer Fire Company, Pennsylvania/Maryland
Engine 614
Seagrave H
Baujahr 1982
1250 gpm 1000 W

In zwei Staaten, nämlich Pennsylvania und Maryland, liegt der kleine Ort Delta-Cardiff. Aufgrund der ländlichen Lage sind alle Pumper dieser Wehr mit 1000 Gallonen-Tanks ausgestattet. Der Typ H wurde zwischen 1982 und 1988 gebaut.

The small village of Delta-Cardiff is situated in two states, namely Pennsylvania and Maryland. Because of the rural location every pumper of the department is fitted with a 1000 gal tank. The Seagrave H-type was built between 1982 and 1988.

FD of the City of New York, New York
Engine 38
Seagrave JB
Baujahr 1993
1000 gpm 500 W

Seit 1993 ist Seagrave Stammlieferant für Pumper des FDNY. Bis heute wurden 162 Pumper vom Typ JB neben einigen des Typs TB an die Wehr geliefert.

Since 1993 Seagrave has been FDNY´s main supplier of pumpers. Until today a total of 162 pumpers on JB-chassis -together with a few on TB-chassis-have been delivered to the department.

Louisville FD, Kentucky
Telesqurt 21
Seagrave L/Telesqurt 50 ft
Baujahr 1991
1500 gpm 500 W

Als reguläre Engine-Company fährt dieser Pumper beim Louisville FD, einer Seagrave-Hochburg. Zusätzlich besitzt das Fahrzeug einen 50-Fuß Telesqurt. Der Typ L ist eine niedrigere Version der J-Kabine.

This pumper is in use with Louisville FD, a loyal Seagrave customer. Additionally the pumper is equipped with a 50 feet telesqurt. The type L is a lower version of the J-cab.

Riverdale FD, Maryland
Engine 72
Seagrave TB
Baujahr 1993
1500 gpm 750 W

Seagraves letzte Entwicklung bis heute ist der Typ TB mit Kippkabine (Tilt-Cab), der seit 1991 angeboten wird. Er ist einfach an den beiden übereinanderstehenden Kühlergrillen zu erkennen.

Seagrave´s last development until today has been the TB-model with tilt-cab, available since 1991. It is easily recognizable by the two radiator-grills.

Fern Creek FD, Kentucky
Engine 34
Seagrave TB/Snozzle 50 ft
Baujahr 1999
1500 gpm 750 W

Sehr wenige kommunale Feuerwehrfahrzeuge wurden bisher mit einem Snozzle ausgestattet. Der Snozzle ist ein auf 50 Fuß teleskopierbarer Löscharm, der in erster Linie für Flughafenlöschfahrzeuge entwickelt wurde.

Only a few municipal apparatus additionally are equipped with snozzles. The snozzle is a 50 ft telescopic mast with a monitor fixed on top. This device originally was developed for airport fire trucks.

Louisville FD, Kentucky
Quad 6
Seagrave JB
Baujahr 1998 – 1500 gpm 500 W

1998 stellte das Louisville FD seinen ersten modernen Quad in Dienst. Dieser Fahrzeugtyp ist ein Pumper mit zusätzlichen Satz Schieb- und Standleitern der Aerial Trucks. Diese sind hier im Heck des Fahrzeugs eingeschoben. Auf dieser Wache wurde bereits 1935 ein Quad in Dienst gestellt.

In 1998 Louisville FD commissioned its first modern quad. This type of vehicle is a pumper with an additional set of ground-ladders which are stored in the back of the vehicle. Already in 1935 this station had got a quad in service.

Nichols FD, Trumbull, Connecticut
Engine 300
Ottawa/Beck
Baujahr 1991
1000 gpm 800 W 90 S

Beck war ein kleiner Hersteller aus Kalifornien, der seine Fahrzeuge auf Fahrgestelle der Firma Ottawa aufbaute. Die Fahrzeuge von Beck wurden hauptsächlich an die Westküste geliefert. Dieser Rescue-Pumper des Nichols FD ist mit Schnellangriffen für Wasser, Schaum, sowie Strom- und Hydraulikanschlüssen für den Rettungssatz ausge stattet.

Beck was a small manufacturer from California, who built vehicles mainly on chassis made by Ottawa. Beck fire apparatus mainly were sold to the westcoast. Nichols FD´s rescue-pumper is equipped with fast attack lines for water and foam, as well as connections for electrically and hydraulically operated tools.

Castle Shannon FD, Pennsylvania
Engine 10 – Pierce Arrow
Baujahr 1987 – 1500 gpm 500 W

Der Arrow war der erste Custom-Pumper, den Pierce Anfang der achtziger Jahre auf den Markt brachte. Mit diesem Chassis konnte sich Pierce schnell zu einem der größten Hersteller auf dem US-Markt entwickeln. Vorher baute Pierce seine Fahrzeuge nur auf Fremdfahrgestelle auf.

The Arrow was the first custom-pumper being produced by Pierce in the beginning of the eighties. With this chassis Pierce quickly became one of the marketleaders in the USA. Before that Pierce had built vehicles only on other manufacturers chassis.

US-Army Military Ocean Terminal, Bayonne, New Jersey
Engine 1 – Pierce Dash
Baujahr 1996 – 2000 gpm 750 W 50 S

Der Dash unterscheidet sich vom Arrow vor allem durch seine Anordnung des Motors. Wurden bisher die Motoren im Normalfall hinter Fahrer und Offizier zwischen den Mannschaftssitzen angeordnet, so rutschte der Motor bei diesem Modell, wie auch bei allen anderen folgenden Neuentwicklungen, nach vorne.

The arrangement of the motor is the main difference between the Dash and the Arrow. In all older models the motor was located behind the driver´s and officer´s seats between the crew-seats. The new model, as well as the following models has the motor located in the front.

Minotola Fire Company, Borough of Buena, New Jersey
Engine 1123
Pierce Lance/Telesqurt 65 ft
Baujahr 1993
2000 gpm 500 W

Auf dem schweren Lance-Fahrgestell werden vor allen Dingen Rescue-Pumper und schwere Pumper aufgebaut. Der Telesqurt der Firma Snorkel wird mit Arbeitshöhen zwischen 50 und 75 Fuß angeboten.

Pierce builds mainly rescue-pumpers and heavy pumpers on the heavy Lance chassis. Snorkel Company´s Telesqurt is available in heights from 50 to 75 feet.

Belvedere Vol. Fire Co. No.1, Delaware
Squrt 30 – Pierce Lance/Squrt 50 ft
Baujahr 1993 – 2000 gpm 1000 W 50 S

Ein sehr elegantes Fahrzeug ist dieser Lance aus dem nördlichen Delaware. Dieses Fahrzeug läßt auch die Tendenz vieler amerikanischer Feuerwehren zu hohen Pumpenleistungen erkennen. Der normale Squrt, wie er bei diesem Fahrzeug aufgebaut ist, besteht nur aus zwei Gelenkarmen mit einem Monitor an der Spitze.

This Lance from northern Delaware is a very elegant vehicle. It is a good example for the high pump-outputs American fire departments tend to buy. The normal Squrt -like on this engine- comprises only of two articulated arms with a monitor on top.

Centreville Volunteer FD, Fairfax County, Virginia
Engine 17
Pierce Javelin
Baujahr 1990
1250 gpm 750 W 150 S

Völlig anders konzipiert als bisherige Pumper war der Javelin. Er hatte den Motor im Heck, Frontantrieb, und den Tank senkrecht hinter der Kabine angeordnet. Seine Produktion wurde jedoch nach wenigen Jahren wieder eingestellt.

The Javelin-chassis had a totally different design than those previously built. The motor was mounted in the rear part of the vehicle, it was also fitted with front-wheel-drive and the tank was located vertically behind the cab. This model was produced for a few years only.

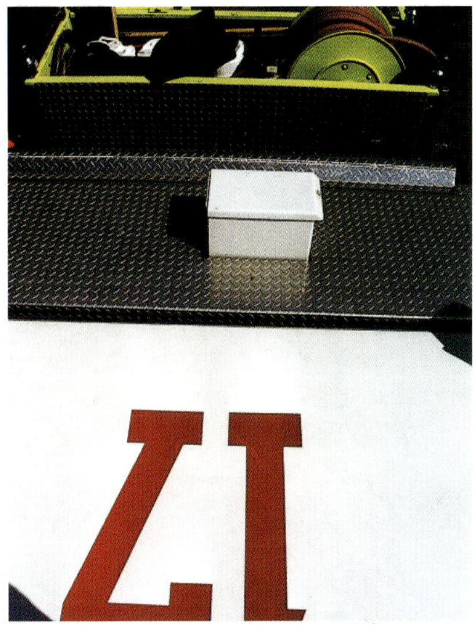

Springfield FD, Oregon
Engine 821
Pierce Saber 4x4
Baujahr 1997
1250 gpm 750 W

Nur sehr wenige US-Feuerwehrfahrzeuge sind auf Custom- Allradfahrgestellen aufgebaut. Eines dieser seltenen Beispiele ist dieser Pierce Saber aus Oregon.

Only very few US-fire apparatus have been built on 4x4 custom-chassis. This Pierce Saber in use with Springfield FD, Oregon, is one of the few examples.

Fairfax City FD, Virginia
Engine 3 – Pierce Quantum
Baujahr 1996 – 1250 gpm 500 W

Die neueste Entwicklung von Pierce ist der Quantum. Er besticht nicht nur durch sein ungewöhnliches Design, sondern auch durch einige Detaillösungen, wie herausklappbare Stufen und eine sehr geräumige Kabine, die bei diesem Fahrzeug für 6 Personen ausgelegt ist. Zusätzlich hat dieser Pumper des Fairfax City Fire Departments einen 15 kVA Generator. Die Motorleistung beträgt 435 PS, ein heutzutage durchaus üblicher Wert.

Pierce´s latest development is the Quantum. Not only impressing be the design, the vehicle has also a few new details like folding steps and very spacious cab which is designed for 6 persons. This pumper of Fairfax City FD has a 15 kw generator. The motor-power is 435 HP - today a common size.

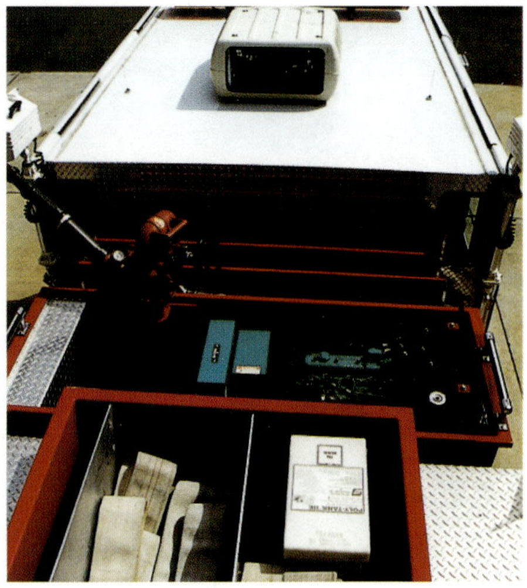

Metropolitan Washington Airports Authority, Dulles Airport, Virginia
Engine 324
Pierce Quantum
Baujahr 1999
1500 gpm 1000 W

Als Rescue Pumper ist dieser Quantum der MWAA ausrüstet. Neben 5-inch Schläuchen ist dieses Fahrzeug auch mit hydraulischem Rettungsgerät ausgestattet. In den letzten Jahren beschaffen US-Feuerwehren auch immer häufiger Fahrzeuge mit Rolläden, 25 Jahre nachdem diese sich in Europa durchgesetzt haben.

This Quantum in service with MWAA is equipped as rescue-pumper. The vehicle carries 5 inch hoses and hydraulic rescue tools. The last years many fire departments in the USA ordered vehicles with roll-up compartment doors, 25 years after this system had become successful in Europe.

New Egypt Vol. Fire Company, New Jersey
Engine 5
Ward LaFrance Ambassador
Baujahr 1976
1250 gpm 1000 W

Ein weiterer alter Hersteller von Feuerwehrfahrzeugen war Ward LaFrance. Wie viele andere traditionsreiche Firmen ging auch diese Firma Ende der siebziger Jahre in Konkurs. Einige Mitarbeiter gründeten danach die Firma Ward 79, die allerdings auch nur bis Anfang der neunziger Jahre bestand.

Ward LaFrance was another manufacturer with long tradition of building fire-apparatus. At the end of the seventies they went bankrupt like many of the other old and well-known companies. A few employees then founded the company Ward 79, which was on the market only until the early nineties.

District of Columbia FD, Washington, D.C.
Engine 32
Emergency-One Hurricane
Baujahr 1985
1250 gpm 500 W

Emergency-One, gegründet 1974, entwickelte sich rasch zum größten Hersteller in den USA. Anfang der Achtziger brachte man unter dem Namen Hurricane den ersten eigenen Custom-Pumper auf den Markt. Die Washingtoner Fahrzeuge sind alle mit einem Top-Mount Pump-Panel ausgestattet.

Emergency-One, founded in 1974, very quickly grew and became the largest manufacturer in the United States. At the beginning of the eighties E-One brought their first Custom-Pumper on the market, named "Hurricane". All of DCFD´s pumpers are equipped with top-mount pump-panels.

Armiger Vol. Fire Company, Maryland
Engine 303 – Emergency-One Cyclone
Baujahr 1992 – 1500 gpm 750 W

Dem Hurricane folgte sehr schnell der Cyclone, der den Motor vorne zwischen Fahrer und Offizier eingebaut hat. Das Fahrzeug in Armiger gehört zwar der freiwilligen Feuerwehr der Wache, wird aber vom Anne Arundel County FD, der kreiseigenen Berufsfeuerwehr, genutzt. Diese Kombination ist im Nordosten der USA des öfteren zu finden.

The Cyclone quickly followed to the Hurricane. The new model had the motor being built in between the driver´s and the officer´s seats. This apparatus is owned by the volunteers of this station, however is operated by the Anne Arundel FD, a county-owned professional fire department. This combination is often to be found in the north-eastern states of the USA.

Bryn Mawr FD, Pennsylvania
Engine 3
Emergency-One Hush
Baujahr 1989
1500 gpm 500 W

Vollkommen neu war 1985 die Konzeption des Hush. Er hatte den Motor nicht, wie üblich, vorne eingebaut, sondern im Heck, wodurch eine sehr geräumige und leise Kabine resultierte. Dieser Pumper aus dem Norden von Philadelphia ist in grün/gelb lackiert.

In 1985 the conception of the E-One Hush was an absolute novelty. It had the motor built in in the rear part of the vehicle´s chassis and not in the front, thus creating a very spacious and quite cab. This pumper from Northern Philadelphia is painted green and yellow.

Wheeling FD, West Virginia
Engine 10
Sutphen
Baujahr 1994
1500 gpm 500 W

Alle in den letzten 10 Jahren beschafften, neueren Pumper des Wheeling FD wurden von Sutphen geliefert, dem letzten noch in Familienbesitz befindlichen Hersteller von Feuerwehrfahrzeugen. Die Firma Sutphen ist seit dem Ende des letzten Jahrhunderts auf dem Markt.

Sutphen, the last family-owned manufacturer has built all new pumpers for Wheeling FD during the last 10 years. Sutphen has been on the market since the end of the last century.

Lutherville FD, Maryland
Engine 302
Sutphen
Baujahr 1994
1500 gpm 1000 W

Besonders attraktiv ist die Farbgebung in schwarz/weiß mit goldenem Streifen an den Fahrzeugen aus Lutherville in Baltimore County.

The vehicles of Lutherville FD in Baltimore County carry this very attractive colouring in black/white with a golden stripe.

Nichols FD Trumbull, Connecticut
Engine 305
Hahn
Baujahr 1973
1500 gpm 500 W

Hahn-Fahrzeuge waren vor allen Dingen im Nordosten der USA vertreten. Leider verschwand auch dieser Betrieb 1991 vom Markt. Das Nichols FD hatte früher nur Fahrzeuge dieses Herstellers in seinem Fahrzeugpark.

Hahn Trucks mostly were to be found in the north-eastern states. Unfortunately this manufacturer disappeared from the market, too. Nichols FD only had Hahn fire apparatus in the fleet.

Jackson Mills FD, New Jersey
Engine 5411
Hahn
Baujahr 1976
1250 gpm 1000 W

Im wasserarmen, ländlichen Zentral-New Jersey sind viele Pumper mit besonders großen Tanks ausgestattet, da die Wasserversorgung dort meist nur mit mitgeführtem Wasser erfolgen kann.

In water-poor rural central-New Jersey many pumpers are fitted with larger tanks than usual as water-supply basically relies on water carried on the vehicles.

Cassville Vol.Fire Co.1, Jackson, New Jersey
Engine 5621
Hahn
Baujahr 1986
1250 gpm 1000 W

1984 brachte Hahn ein neues Fahrgestell auf den Markt, das teilweise auch bis an die Westküste verkauft werden konnte.

In 1984 Hahn developed a new chassis which also could be sold up to the west-coast.

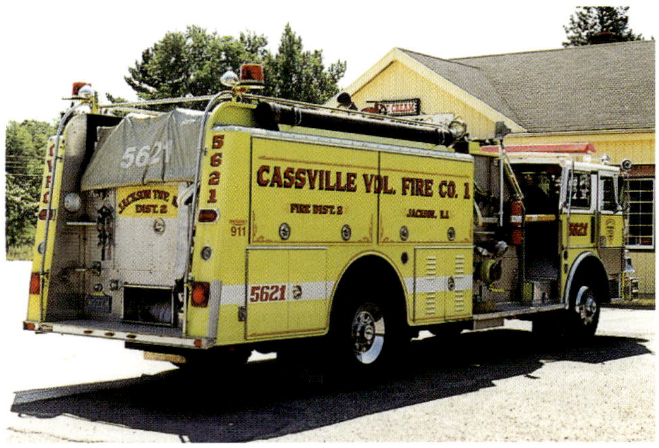

Allegheny County Airport FD, Pennsylvania
Engine 8
Pemfab/Grumman
Baujahr 1991
1250 gpm 750 W 500 S

Pemfab baute nur Custom-Fahrgestelle, die von anderen Herstellern mit Aufbauten versehen wurden. Dieser Pumper des Pittsburgh Airport hat eine besonders tiefgezogene Kabine und ist mit einem ungewöhnlich großen Schaummitteltank ausgestattet.

Pemfab only made custom-chassis, the bodyworks came from other manufacturers. This pumper used at Pittsburgh Airport has a very low cab and a unusual large foam concentrate tank.

Arlington FD, Virginia
Engine 77
Duplex/Young Crusader II
Baujahr 1989
1250 gpm 500 W

Duplex fand seinen Markt ebenfalls in der Produktion von Custom-Fahrgestellen. Young verwendete Duplex Fahrgestelle für die Produktion seiner Crusader II Serie, einem Pumper der nach dem damaligen neuesten Stand der Technik gebaut wurde. Die Mannschaftskabinen waren mit Bus-Falttüren ausgestattet.

Duplex, too, gained access to the market with the production of custom-chassis. Young used these chassis for the production of their Crusader II series, a state of the art pumper at that time. The crew-cabines were fitted with foldable bus-doors.

Cincinnati-Northern Kentucky International Airport FD, Kentucky
Engine 974
Simon-Duplex/Ferrara
Baujahr 1994
1500 gpm 500 W

Anfang der neunziger Jahre wurde Duplex von Simon übernommen und brachte ein völlig neues formschönes Fahrgestell auf den Markt. Überraschenderweise erfolgte 1998 die Produktionseinstellung.

In the beginning of the nineties Duplex was taken over by Simon and presented a completely new and beautifully designed chassis. Unexpectedly Simon-Duplex ceased production in 1998.

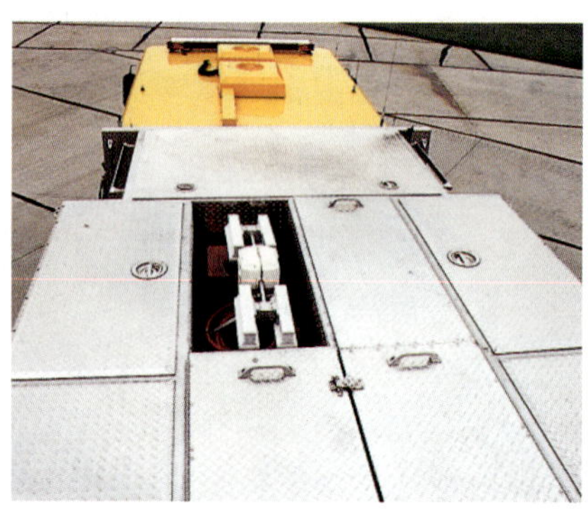

Green Brook FD, New Jersey
Engine 18
Pirsch
Baujahr 1970
1000 gpm 500 W

Ein weiterer traditionsreicher Hersteller war Pirsch. Das erste Frontlenker-Fahrgestell kam 1960 auf den Markt und hatte eine sehr markante Kabinenform.

Pirsch was another manufacturer with long tradition. In 1968 the first cab forward chassis with a very striking cab design appeared on the market.

Idaho Falls FD, Idaho
Engine 2
Pirsch
Baujahr 1986
1250 gpm 500 W

Wie viele andere Hersteller auch verwendete Pirsch später auch die sogenannten Cincinnati Cabs der Firma Truck Cab Manufacturers, die in Cincinnati beheimatet war. 1989 endete bei Pirsch die Produktion.

Like many other manufacturers Pirsch, too, later used the so-called Cincinnati-cab made by Cincinnati based Truck Cab Manufacturer Company. In 1989 Pirsch ceased operations.

Hampton FD, New Hampshire
Engine 2
Maxim S
Baujahr 1976
1250 gpm 1000 W

Der Typ S war der letzte Custom Hauber, der auf dem amerikanischen Markt erhältlich war. Wie die meisten Maxim Fahrzeuge war auch er hauptsächlich im Nordosten anzutreffen. Ein Jahr später als Pirsch ging Maxim ebenfalls bankrott.

The type S was the last custom-made cab-behind-engine-chassis available on the US-American market. Like most of the Maxim built vehicles it was to be found mainly in the northeast. One year after Pirsch also Maxim went bankrupt.

Wareham FD, Massachusetts
Engine 4
Maxim F
Baujahr 1969
1000 gpm 500 W

1959 erschien der Typ F als erster Frontlenker von Maxim, der, nur leicht verändert, bis Ende der achtziger Jahre gebaut wurde.

In 1959 Maxim presented the type F as their first cab-forward model. Except some minor changes it was built until the end of the eighties.

Seaside FD, Oregon
Engine 3124
Crown Firecoach
Baujahr 1978
1500 gpm 750 W

Fast ausschließlich an der Westküste waren die Fahrzeuge von Crown zu finden. Mit nur geringen äußerlichen Änderungen wurde der Crown Firecoach zwischen 1951 und 1985 gebaut. In vielen Hollywoodfilmen waren Crown Feuerwehrfahrzeuge zu sehen.

Crown fire apparatus were to be found almost only at the west-coast. The Crown Firecoach was built between 1951 and 1985. Crown fire engines appeared in a lot of Hollywood movies.

Deer Park Fire Co., Cherry Hill, New Jersey – Engine 31
Grumman Panther/Telesqurt 50 ft
Baujahr 1991 – 1750 gpm 500 W

Grumman begann nach der Übernahme der Firma Howe 1976 mit der Produktion von Feuerwehrfahrzeugen. Unter dem Namen Panther baute Grumman später ein Custom-Chassis für Feuerwehrfahrzeuge, das nach Grummans Produktionseinstellung von HME weitergeführt wurde.

After having purchased Howe in 1976 Grumman started with building fire apparatus. They later offered a custom-chassis for fire apparatus named Panther. After Grumman ceased production the production of this chassis was continued by HME.

Aberdeen FD, North Carolina
Engine 411
HME 1871 LFD/Smeal
Baujahr 1998
1250 gpm 1000 W 20 S

Die Firma HME (früher Hendrickson) ist auf den Bau von Custom-Chassis für Feuerwehrfahrzeuge spezialisiert. Die Kabinengrößen variieren von einer kurzen 2-Mann Kabine bis hin zur langen 4-türigen Kabine mit erhöhtem Dach für 10 Personen.

HME (earlier Hendrickson) is specialist for building fire-apparatus on custom-chassis. The sizes of the cabs range from a short cabs for 2 persons up to long 4-door cabs with raised roof for 10 persons.

Clemson University FD, Clemson, South Carolina
Engine 2
HME 1871 MFD/3-D
Baujahr 1993
1750 gpm 500 W

Nur wenige Universitäten verfügen über eine eigene Feuerwehr. Eine der größten Universitätsfeuerwehren ist die Clemson University, die eine Aerial, zwei Engines, einen Rescue, ein Hazmat-Fahrzeug und zwei Ambulanzen im Dienst hat.

Only few universities have their own fire departments. One of the largest is Clemson University which runs an aerial, two engines, a rescue tender, a Hazmat-vehicle and two ambulances.

East End Fire Company, Hazleton FD, Pennsylvania
Engine 3 – KME Renegade
Baujahr 1992
1500 gpm 750 W

Kovatch Mobile Equipment (KME) begann erst Mitte der achtziger Jahre mit der Produktion von Feuerwehrfahrzeugen. Durch eine aggressive Verkaufspolitik gehört KME heute zu den größten Anbietern in den USA. Die ersten Custom-Kabinen waren noch sehr kantig gebaut.

Kovatch Mobile Equipment (KME) started with producing fire apparatus in the mid-eighties. As a result of a very aggressive sales-policy KME today is one of the largest companies in the USA. The first custom-cabs were built in a very angular design.

Rickenbacker Air Force Base, Columbus, Ohio
Engine 7 – KME P-22
Baujahr 1995 – 1250 gpm 750 W 2x25 S

Sämtliche neuen, heute bei der US Air Force im Dienst stehenden Pumper wurden von KME geliefert. Sahen die ersten Serien noch sehr kantig und militärisch aus, so wurde später auf Serienteile aus der zivilen Produktion zurückgegriffen. Die Pumper gibt es in der nomalen Straßenausführung mit der militärischen Bezeichnung P-22 als auch in Allradversion als P-24. Dieser Pumper ist mit Class A- und Class B-Foam ausgestattet.

KME supplied all new pumpers today in service with the US Air Force. The first batches were very angular and military style looking, but for the later batches KME used more parts from the civilian range. The pumpers are in service in two versions, the P-22 on 4x2 chassis and the P-24 on 4x4 chassis. This pumper is equipped with class A- and class B-foam.

Seaside FD, Oregon
Engine 3122
Spartan Gladiator/Western States
Baujahr 1986
1500 gpm 1000 W

Spartan ist ein weiterer Hersteller von Custom-Fahrgestellen. Seit man Mitte der siebziger Jahre mit dem Bau von Custom- Chassis begonnen hatte, hat sich Spartan heute vor allem durch sein Gladiator-Chassis zu einem der großen Fahrgestellhersteller entwickelt.

Spartan is another manufacturer of custom-chassis. Since they started production in the mid-seventies, they grew to one of the larger manufacturers today, especially with regard to their Gladiator chassis.

Chicago FD, Illinois
Engine 98
Spartan Gladiator/Luverne
Baujahr 1992
1500 gpm 500 W

Auch nach Chicago konnte Spartan eine ganze Reihe Fahrzeuge liefern. Die Aufbauten dieser Pumper wurden von dem ebenfalls erst in den letzten Jahren bekannt gewordenen Aufbauhersteller Luverne gefertigt.

Spartan was able to sell a number of vehicles to Chicago, too. The bodys were built by Luverne, a manufacturer which only has become known the last few years.

William.B.Hartsfield International Airport FD, Atlanta, Georgia
Engine Yellow-6
Spartan Gladiator/Quality/Apache-Tower 55 Ft
Baujahr 1990
1500 gpm 500 W

Seit 1990 fährt das Atlanta Fire Department, das auch den Flughafen betreut, Spartan-Fahrzeuge. Allein drei Pumper sind auf dem Flughafen stationiert. Einer davon ist als Zusatzausstattung mit einem 55 ft Mast ausgestattet.

Since 1990 Atlanta FD, which also protects the airport, uses Spartan-Vehicles. 3 pumpers alone are based at the airport. One of these vehicles also is fitted with with a 55 ft tower.

Syracuse FD, New York
Engine 18
Spartan Monarch 4x4/Saulsbury/LTI 55 ft
Baujahr 1985
2000 gpm 500 W

Die Philosophie des Syracuse FD ist, sämtliche Löschfahrzeuge auf Allradfahrgestellen zu beschaffen und mit Teleskoplöscharmen auszurüsten. So auch dieser Pumper, der mit einem LTI-Löscharm ausgestattet ist.

Syracuse FD generally wants to have all pumpers in the fleet being built on 4x4-chassis and being equipped with telescopic masts. This pumper is fitted with a LTI telescopic mast.

Cornelius FD, Oregon
Engine 813
Spartan Charger/Western States
Baujahr 1991
1500 gpm 1000 W

Eine Besonderheit ist der hauptsächlich für den Nordwesten der USA konzipierte Charger. Sehr viele Feuerwehren in Oregon und Washington bevorzugen auch heute noch Vorbaupumpen, die bei diesem Typ teilweise in die Kabine integriert ist. Der Aufbauhersteller Western States liegt übrigens nur einige hundert Meter von der Feuerwache in Cornelius entfernt.

Spartan´s Charger is a specialty mainly designed for service in the northwestern states. A lot of departments in this area even today prefer front-mounted pumps. The pump is partly integrated in the cab of this model. The body manufacturer Western States is located only a few hundred feet from Cornelius fire station.

Shamokin Dam FD, Pennsylvania
Engine 9-1
Spartan Diamond/Darley
Baujahr 1990
1250 gpm 1000 W

Die ungewöhnlichsten Farben findet man sicher in Pennsylvania. So auch diesen goldenen Spartan Monarch mit einem Aufbau der renommierten Firma Darley, die auch als Hersteller von Pumpen bekannt ist.

The most unusual colours are surely to be found in Pennsylvania, e.g. this gold-coloured Spartan Monarch with Darley-coachwork, a manufacturer well-known for pumps, too.

White Plains FD, New York
Engine 6
Ford LS 9000/Smeal
Baujahr 1995
1250 gpm 750 W

Ein sehr beliebtes Commercial-Fahrgestell, besonders bei ländlichen Fire Departments, ist der Ford L-Hauber. Auch das nördlich von New York City gelegene White Plains FD beschafft seit 1990 nur noch diesen Fahrgestelltyp für Pumper und Aerials.

The Ford L is a very popular commercial-chassis, especially with fire departments in rural areas. Also -north of New York City situated- White Plains FD since 1990 has ordered only this chassis type for pumpers and aerials.

Bethany FD, Connecticut
Engine 83 – Ford LS 9000/Grumman
Baujahr 1982
1250 gpm 1000 W

Ein typischer ländlicher Pumper ist dieser Ford L. Es gibt zwei verschiedene Typen des Ford L. Der LS hat vorne im Bereich der Scheinwerfer schräg auf die Haube zulaufende Kotflügel, während beim Typ LN die Kotflügel vorne gerade sind. Außerdem gibt es die LN-Haube, je nach Motorleistung, in zwei Längen.

This Ford L is a typical rural pumper. There are three versions of the Ford L available. The fenders of the LS-model are diagonal on the front at the headlights and at the type LN the fenders are straight on the front. Additionally there are two lenghts for the LN-hood available, depending of the motor-power.

Lebanon FD, Oregon
Engine 332
Ford LN 900/Western States
Baujahr 1971
1000 gpm 1000 W

Dieser Pumper aus Lebanon, Oregon, ist typisch für in Oregon und Washington gebräuchliche Feuerwehrfahrzeuge. Vorbaupumpen sind in dieser Region sehr beliebt. Hierdurch bekommt man im Aufbau wesentlich mehr Platz der für den Einbau eines größeren Tanks genutzt wird. Diese Fahrzeuge gibt es in 2- und 3-achsiger Version mit 2000 gal Tank.

This pumper from Lebanon, Oregon is a typical example of apparatus used in Oregon and Washington. Front-mounted pumps are very common in this area. With this construction the body has more space to add a bigger water tank. These Pumpers are available on two and three-axle chassis with 2000 gal tank.

Woodburn Fire District, Oregon
Engine 205
Ford LN 9000/Western States
Baujahr 1991
1500 gpm 1000 W

Dieser Pumper ist eine modernere Variante des oben gezeigten. Zusätzlich hat er eine serienmäßige Ford Mannschaftskabine.

This Pumper is a modern variant of the vehicle shown above. Additionally it is equipped with a standardized Ford crew-cab.

Blue Grass Airport FD, Lexington, Kentucky
Engine 58
Ford LN 8000 4x4/Pierce
Baujahr 1986
750 gpm 1000 W 140 S

Eine besonders ungewöhnliche Version ist dieser Ford L des Blue Grass Airport mit Allradantrieb. Durch einen separaten Pumpenmotor ist das Fahrzeug auch in der Lage während der Fahrt zu löschen. Dies ist gerade für den Flugzeugbrandschutz sehr wichtig.

This 4x4 Ford L in use with Blue Grass Airport is a very uncommon vehicle. The vehicle is able to pump while driving due to a separate pump-motor, a very important feature of airport fire engines.

Decherd FD, Tennessee
Engine 3
Ford F 800/Pierce
Baujahr 1991
1250 gpm 750 W

Die kleinere Hauber-Variante in der Ford Familie ist der Ford F 800, der für mittelgroße Pumper oft verwendet wird.

The smaller cab-behind-engine version in the Ford family is the Ford F 800 which is often used for medium-sized pumpers.

District of Columbia FD
Engine 27
Ford C 8000/Emergency-One
Baujahr 1989
1250 gpm 500 W

Ein sehr beliebtes Fahrzeug bei amerikanischen Fire Departments war der Ford C. Er wurde über dreißig Jahre in äußerlich fast unveränderter Version gebaut. Das Washington DC Fire Dept. (DCFD) hatte eine ganze Ford Reihe dieser Fahrzeuge mit einer ungewöhnlichen, im Aufbau integrierten Kabine im Dienst.

The Ford C was a very popular chassis with American fire departments. It was produced more than 30 years almost unchanged in appearance. The DCFD had a number of these pumpers in the fleet which were built with a very unusual construction which integrated the crew-cab into the coachwork.

Moon Township FD, Pennsylvania
Engine 22
Ford C 8000/Boardman
Baujahr 1985
1000 gpm 500 W

Typisch für viele Ford C Pumper ist dieses Fahrzeug des Moon Twp. FD bei Pittsburgh, von der Farbe natürlich einmal abgesehen.

This vehicle from Moon Township near Pittsburgh is a typical example of Ford C pumpers, however not with regard to the colour.

South Berkeley Volunteer Fire & Rescue, Inwood West Virginia
Engine 20
International S 1800 4x4/Allegheny
Baujahr 1989
750 gpm 500 W

Ein sehr beliebtes Fahrgestell für mittelgoße Pumper ist auch der International S. Ab und zu sind diese Pumper auch mit Allradantrieb ausgestattet.

Another very popular chassis for medium-sized pumpers is the International S. Sometimes these pumpers are equipped with 4x4-drive.

Point Breeze FD, New York City, New York
Engine 3
International S 1800 4x4/Saulsbury
Baujahr 1984
1000 gpm 300 W

Auch in New York City gibt es freiwillige Feuerwehren, insgesamt 10 an der Zahl. Das Point Breeze Vol. FD hat zwei Pumper im Dienst. Eines dieser Fahrzeuge ist dieser kleine International mit Vorbaupumpe, Allrad und einem besonders kurzem Radstand.

In New York City there are voluntary fire departments as well, 10 in total. Point Breeze Vol.FD has two pumpers in service. One of these is this International S with front-mounted pump, all-wheel-drive and a very short wheelbase.

McMinnville FD, Oregon
Engine 16
International S 2574/Grumman
Baujahr 1989
1250 gpm 1000 W

Eine für Grumman ungewöhnliche Bauart mit Vorbaupumpe ist dieser Pumper auf dem schweren International S 2574 Fahrgestell.

An unusual construction for Grumman-vehicles is this pumper on a heavy International S 2574-chassis with front-mounted pump.

Columbus FD, Ohio
Engine 6
International S 2674/Sutphen
Baujahr 1992
1250 gpm 1000 W

Selbst Großstädte fahren heute noch vereinzelt Haubenfahrzeuge. So hat auch Columbus einige dieser schweren S 2674 Fahrgestelle von der ortsansässigen Firma Sutphen aufbauen lassen. Die Mannschaftskabine wird von International serienmäßig angeboten.

Even today fire departments of larger cities sometimes use commercial engine-forward chassis. Columbus based company Sutphen has made the bodies for a few of these heavy S 2674 chassis. The crew-cab is a standard cab-model offered by International.

Grapeville Vol. Fire Company, Hempfield Township, Pennsylvania
Engine 21
International Navistar 4900/4-Guys
Baujahr 1992
1250 gpm 750 W 50 S

Nachfolger des kleinen International S wurde der Navistar, der sich sehr schnell zu einem der meistverkauften Commercial- Fahrgestelle entwickelte. Violett ist die Hausfarbe des Grapeville FD. Nicht sehr auffällig, aber äußerst ungewöhnlich.

The Navistar followed to the small International S and quickly became one of the best-selling commercial-chassis. Violet is Grapeville FD´s standard colour. Not very visible but very unusual.

Columbus FD, Ohio
Engine 17
International Navistar 4900/Sutphen
Baujahr 1999
1250 gpm 500 W

Sieben Jahre nach den letzten International Pumpern kaufte das Columbus FD wieder 4 Fahrzeuge in derselben Fahrgestell-/ Aufbauherstellerkombination. Dieses Mal wurden allerdings separate Mannschaftskabinen verwendet. Diese Fahrzeuge sind wesentlich kostengünstiger als Custom-Fahrgestelle.

Seven years after the delivery of the last International pumpers Columbus FD again bought 4 pumpers with this combination of chassis- and body manufacturers. But this time they used separate cabins for the crews. These apparatus are cheaper than custom-chassis.

Cockeysville FD, Maryland
Engine 392
Freightliner/4-Guys
Baujahr 1992
1250 gpm 1000 W

Vor der Einführung der kleinen FL-Baureihe spielte Freightliner bei Fire Departments nur eine untergeordnete Rolle, da Freightliner bis dahin nur schwere Fahrgestelle im Programm hatte. Auf einem schweren Freightliner ist dieser Pumper aus dem Baltimore County aufgebaut. Zwischenzeitlich wurde das Fahrzeug in rot umlackiert.

Before the introduction of the light FL-series Freightliner had only a secondary importance for fire departments. Freightliner only had heavy duty chassis until that time. This pumper from Baltimore County is one of the few engines on the heavy chassis type. This Pumper was recoloured in red meanwhile.

Hazard FD, Kentucky
Engine 2
Freightliner FL 70/Pierce
Baujahr 1995
1000 gpm 750 W

Einen Siegeszug trat Freightliner mit der Einführung der FL-Serie an. Mit diesem Fahrgestell konnte sich Freightliner bis heute als Marktführer in dieser Klasse etablieren. Dieses Fahrzeug aus dem gebirgigen Ost-Kentucky hat einen extra kurzen Radstand, um in den teilweise sehr engen Strassen wendiger manövrieren zu können.

The introcuction of the FL-series proved to be very successful for Freightliner. This chassis established the company´s position as market-leader in this class. The vehicle from hilly Eastern Kentucky has an extra-short wheelbase for better manoeuvrability in the often narrow streets.

Corvallis FD, Oregon
Engine 133
Freightliner FL 80 4x4/Central States
Baujahr 1994
1250 gpm 500 W

Einige Besonderheiten weist das Fahrzeug aus Corvallis auf. Zum einen ist es mit Allradantrieb ausgestattet und zum anderen befindet sich die Pumpe bei diesem Fahrzeug nach europäischer Bauweise im Heck. Corvallis hat insgesamt zwei dieser Fahrzeuge im Dienst.

This pumper from Corvallis features some specialities. It has all-wheel-drive and the pump mounted in the rear compartment like on European vehicles. Corvallis FD operates two of these vehicles.

Cobb County FD, Georgia
Engine 1
Freightliner FL 70/Quality
Baujahr 1998
1500 gpm 500 W

Ein typisches Löschfahrzeug auf Commercial-Chassis ist dieser Pumper aus dem Großraum Atlanta. Die Doppelkabine wird von Freightliner serienmäßig hergestellt. Sie basiert übrigens auf der Mercedes-Benz LN 2-Kabine, da Freightliner seit mehreren Jahren zu Daimler-Benz bzw. zum Daimler-Chrysler Konzern gehört.

This pumper from Atlanta area is a typical example of a fire engine on commercial chassis. The crew cab is a standard-type made by Freightliner. It is based on the Mercedes-Benz LN-2 cab resulting from Freightliner´s being part of the Daimler-Benz- respectively the Daimler-Chrysler group.

Slaterville FD, New York
Engine 1541
Chevrolet Custom de Luxe 30/Saulsbury
Baujahr 1985
750 gpm 300 W

Zusätzlich zu den großen Pumpern haben viele Fire Departments, besonders kleinere, auch sogenannte Mini-Pumper. Diese Fahrzeuge sind in der Regel auf Pick-Up Chassis aufgebaut, verfügen über eine kleine Pumpe, Wassertank und Schlauchvorrat und dienen meistens als Schnellangriffsfahrzeuge.

In addition to the big pumpers many fire departments, especially smaller ones, have so-called mini-pumpers in the fleets as well. These vehicles are usually built up on pick-up chassis and have got small pumps, watertanks and some lengths of hoses. They are mainly used as fast-attack-vehicles.

Seal Rock Rural Fire District, Oregon
Engine
Chevrolet C 70/Welch
Baujahr 1980
1000 gpm 1000 W

Eine seltene Variante ist dieser Pumper von der Küste Oregons. Mit der großen Vorbaupumpe und dem 1000 gal Wassertank ist er voll ausgelastet.

This pumper from Oregon´s coast is a very rare version. The chassis is fully loaden with the big front-mounted pump and the 1000 gal water-tank.

New Egypt Vol. Fire Company, New Jersey
Engine 3
GMC 7000/E-One
Baujahr 1986
350 gpm 300 W

Dieser Pumper gehört durch sein Fahrgestell bereits in den Bereich der mittelgroßen Pumper. Wie viele Fahrzeuge in dieser Größenordnung führt dieses Fahrzeug auch Gerät zur technischen Hilfeleistung mit.

This pumper is -due to the chassis size- to be classified as medium-sized pumper. Like a lot of pumpers of this size it is additionally equipped with rescue tools.

The Port Authority of New York and New Jersey, Newark Airport, New Jersey
Engine 56111
GMC Topkick/Linear Dynamics
Baujahr 1990
350 gpm 400 W 50 S

Die Port Authority of NY&NJ ist unter anderem zuständig für die drei Flughäfen JFK, La Guardia und Newark. Der einzige Pumper dieser Organisation steht auf dem Newark Airport.

The Port Authority of NY&NJ -among others- is responsible for fire cover at the three airports JFK, La Guardia and Newark. The only pumper of this organization is stationed at Newark Airport.

Lebanon FD, Oregon
Engine 330
Autocar/Western States
Baujahr 1989
1500 gpm 1000 W

Autocar spielte bei Feuerwehrfahrzeugen immer nur eine kleine Rolle. Hauptsächlich wurden Tanker auf den schweren Chassis dieses Herstellers aufgebaut, der heute zu Volvo gehört.

Autocar always played only a small role with view to fire- apparatus. Mainly tankers were built on the heavy chassis made by this manufacturer, who is now part of the Volvo-group.

Piney Grove Vol. FD, North Carolina
Engine 232
Volvo F 6/Grumman
Baujahr 1985
1000 gpm 800 W

Einige Zeit lang vermarktete Volvo auch sein europäisches Viererclubfahrgestell auf dem US-Markt. Es wurden allerdings nur sehr wenige dieser Chassis als Fahrgestelle für Löschfahrzeuge verwendet.

For a short time Volvo offered the European F6-chassis, the "Viererclub-chassis", on the US-market, too. But only a handful of these chassis were used for fire-trucks.

Alpha Fire Company, State College, Pennsylvania
Engine 511
White Xpeditor/Pierce
Baujahr 1980
1250 gpm 500 W

Nur vereinzelt wurden Feuerwehrfahrzeuge auf dem White-Frontlenker aufgebaut. Auch White gehört inzwischen zum Volvo-Konzern.

Fire-apparatus on White cab-forward chassis were only built sporadically. Also White meanwhile is part of the Volvo-group.

Kirkland FD, Washington
Engine 25
Volvo-White/Marion
Baujahr 1987
1000 gpm 500 W

Ein optisch sehr schönes Fahrzeug ist dieser Volvo-White aus dem hügeligen Umland von Seattle. Die Pumpe bei diesem Fahrzeug ist sehr ungewöhnlich in die Kabine integriert.

An very good-looking vehicle is this Volvo-White from the hilly area around Seattle. The vehicle´s pump unusually is integrated in the cab.

Wilderness Ranch Vol. FD, Idaho
Engine 231
FWD
Baujahr 1943
500 gpm 500 W

Dieser klassische Pumper steht immer noch in den Bergen von Idaho im Dienst. FWD hat schon sehr früh den Nutzen von allradgetriebenen Fahrzeugen erkannt und schlüpfte damit bereits zum Beginn der Motorisierung in eine Marktnische. In den vierziger und fünfziger Jahren wurden sehr viele Feuerwehrfahrzeuge auf FWD-Fahrgestellen aufgebaut.

This classic pumper is still in service in Idaho´s mountains. FWD very early had recognized the need for all-wheel-driven trucks and had filled that gap in the market. In the fourties and fifties a lot of fire apparatus were built on FWD-chassis.

Spring Lake FD, North Carolina
Engine 12
Peterbilt 377/Custom Fire
Baujahr 1994
1500 gpm 750 W

Auch Peterbilt baut nur schwere Fahrgestelle und ist dadurch bei Fire Departments mehr im Bereich der Tanker zu finden. Solche großen Pumper mit im Inneren der Kabine liegendem Pumpenbedienstand sind in der Regel nur im Bundesstaat Minnesota zu finden und sind deswegen auch als Minnesota-Pumper bekannt.

Peterbilt, too, builds only heavy chassis and therefore mainly tankers can be found on these chassis. Such big pumpers with the pump-panel inside the cab usualy are in service only in Minnesota and therefore are known as Minnesota-pumpers.

Seattle FD, Washington
Engine 30 – Kenworth W 921 S 12/Curtis-Heiser
Baujahr 1972 – 1500 gpm 500 W

Seattle war lange Zeit bekannt für seine Fahrzeuge auf den schweren Kenworth-Fahrgestellen, die in der Nachbarschaft der Stadt gebaut werden. Heute dienen diese Pumper nur noch als Reservefahrzeuge. Die Sitzplätze für die Mannschaft waren anfangs offen ausgeführt, wurden aber später zumindest halb geschlossen.

For a long time Seattle was well-known for fire engines on heavy Kenworth-chassis which are built in the city´s neighbourhood. Today these pumpers are only used as spare vehicles. The crew-seats were left open initially but later were fitted with canopies.

Clinton FD, Maryland
Engine 252
Kenworth 912/Pierce
Baujahr 1976 Umbau 1986
2000 gpm 500 W

Dieser herrliche Pumper des Clinton FD wurde 1986 mit einem neuen Pierce Aufbau versehen. Er dient heute nur noch als Reserve- und Paradefahrzeug.

Clinton FD´s magnificent pumper was refurbished in 1986 and fitted with a new Pierce body. Today it is only a spare vehicle and is used for parades.

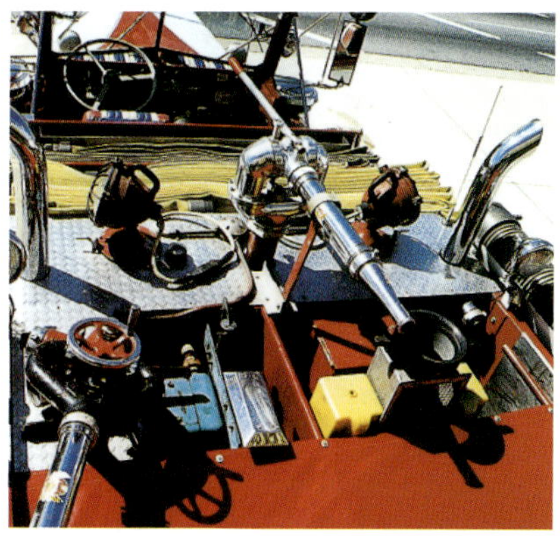

Special-Pumper

Sonderlöschfahrzeuge sind in den USA nur selten zu finden. Die meisten dieser Fahrzeuge stehen bei Werkfeuerwehren im Dienst. Nur vereinzelt besitzen auch kommunale Feuerwehren Schaum- oder Pulverlöschfahrzeuge. Meist sind solche Fahrzeuge bei größeren städtischen oder County Fire Departments stationiert. Schaumlöschfahrzeuge sind besonders in chemischen und Petrochemischen Werken anzutreffen. Teilweise sind diese auch mit Pulveranlagen (Dry-Chemical Units) ausgestattet. Der größte Hersteller in diesem Bereich war bisher National Foam, der von Chubb übernommen wurde. In den letzten Jahren drängten auch andere Hersteller in diesen Bereich, allen voran Emergency-One, die inzwischen komplette Baureihen von Industrielöschfahrzeugen mit Pumpenleistungen bis zu 6000 gpm anbieten. Reine Pulverlöschfahrzeuge sind in den USA kaum anzutreffen. Meist sind Pulveranlagen auf Schaumlöschfahrzeugen mit eingebaut.

Fairfax City Volunteer Fire Department, Virginia
Foam Pumper 3
Volvo-White/Chubb-National Foam
Baujahr 1990
1500 gpm 1500 S

Das Fairfax City Volunteer Fire Department besitzt diesen großen Volvo-White Foam Pumper. Dadurch, daß das Fahrzeug keinen Wassertank hat, ist es auf die Zufuhr von Wasser aus einem Hydranten oder anderen Pumpern angewiesen.

Fairfax City Vol. FD is owner of this large Volvo-White foam pumper. As this vehicle is not equipped with a water tank the necessary water supply has to be covered by hydrants or pumpers.

Newport FD, Oregon
Engine 14
American LaFrance Century
Baujahr 1983
1500 gpm 500 W 3000 P

Mit einer für US-Verhältnisse ungewöhnlich großen Pulveranlage ist dieser ALF ausgestattet, der an der Küste von Oregon stationiert ist. Dieses Fahrzeug wurde unter anderem beschafft, weil das Newport FD auch einen kleinen regionalen Flughafen mitbetreut.

This ALF apparatus is equipped with a relative large dry-chemicals unit. The vehicle is based at Newport in Oregon. This vehicle was purchased mainly for aircraft fire fighting as Newport FD is responsible for fire cover at a small regional airport as well.

Fire Department of the City of New York, New York
Foam Tender Unit
Mack MR 688 S/Saulsbury
Baujahr 1992
200 gpm 3000 S

Dieser große Foam-Tender ist der erste seiner Art, den das FDNY in Dienst stellte. In drei separaten Tanks werden insgesamt 3000 gal. Schaummittel mitgeführt. Die kleine 200 gpm Pumpe dient nur der Schaummittelförderung.

This large foam tanker was the first of its kind, which was taken into service by FDNY. There are 3000 gallons of foam concentrate stored in three separate tanks. The small 200 gpm pump is only for foam concentrate supply.

Fire Department of the City of New York, New York
Dry-Chemical Unit
Ford F 477 Super Duty/Reading/Thiemann/Nordic
Baujahr 1995/1993
250 P

Eine ganze Reihe dieser Pick-Up Trucks mit Reading-Aufbau und Thiemann-Ladebordwand hat das FDNY für die verschiedensten Aufgaben im Dienst. Zwei dieser Fahrzeuge sind mit modularen Pulverlöschanlagen von Nordic ausgestattet. Bei kommunalen Feuerwehren wird das Löschmittel Pulver nur sehr selten verwendet.

FDNY runs a number of these Pick-up trucks with Reading coachwork and Thiemann loading platform for various duties. Two of these trucks are equipped with modular Nordic dry-chemical units. Municipal fire departments only occasionally use this extinguishing agent.

Brooklyn Union Gas, New York City, New York
Foam-Pumper
Spartan 6x6/Gibson
Baujahr 1980
1000 gpm 3000 S

Ein sehr ungewöhnliches Schaumlöschfahrzeug stand bei Brooklyn Union Gas im Dienst. Aufgebaut wurde das Fahrzeug auf einem Spartan Allradfahrgestell.

A very unusual foam-pumper was in service with Brooklyn Union Gas Company. The vehicle was based on a Spartan 4x4-chassis.

Brooklyn Union Gas, New York City, New York
Dry-Chemical Unit
Mack MC/Gibson
Baujahr 1982
3000 P

Ein einmaliges Fahrzeug ist auch dieses Pulverlöschfahrzeug, das ebenfalls von Gibson aufgebaut wurde. Mit 3000 lbs. Pulver ist es allerdings für europäische Verhältnisse noch relativ klein. In den USA ist dies eines der größten Pulverlöschfahrzeuge.

Gibson constructed this unique dry-chemical unit. Compared to European dimensions the amount of 3000 lbs. dry chemicals sounds little. In the USA however it can be regarded as one of the largest dry-chem appliances.

Philadelphia International Airport FD, Pennsylvania
Engine 10
KME Renegade 6x6/Firestix 55 ft
Baujahr 1998
1000 gpm 1000 W 200 S 500 P

Dieses ungewöhnliche Fahrzeug stellte der Flughafen von Philadelphia 1998 in Dienst. Mit Wasser, Schaummittel und Pulver ist es für alle Eventualitäten beim Gebäude- und Flugzeugbrandschutz ausgestattet. Zusätzlich hat es noch Allradantrieb, um auch abseits befestigter Wege fahren zu können, was gerade auf Flughäfen sehr wichtig sein kann.

This unusual vehicle was delivered to Philadelphia Int. Airport in 1998. To cover almost all fire dangers in connection with structures and aircraft it is equipped with water, foam concentrate and dry-chemicals. Additionally the vehicle is based on a 6x6-chassis, enabling it to move on rough terrain as well, a feature which can be of importance especially at airports.

Logan International Airport FD, Boston, Massachusetts
Engine 1
Pemfab/E-One/Stratospear 55 ft
Baujahr 1982
1250 gpm 1000 W 220 S 110 Halon

Pemfab baute ende der siebziger bis Anfang der achtziger Jahre diese kantige aber relativ niedrige Kabine. Neben dem Löscharm besitzt dieses Fahrzeug auch noch einen kleineren Monitor vor der Kabine.

Pemfab built this squared, low profile cab from the end of the seventies to the early eighties. In addition to the fire fighting equipment there are an 55 ft aerial device fitted and a small monitor mounted in front of the cabin.

Indian Head Volunteer Fire Department, Maryland
Special Unit 9
Kaiser Jeep M 35-A 1/Ward LaFrance
Baujahr 1971 Umbau 1990
500 gpm 200 W 200 S

Dieser ehemalige US Army Class 530 C Pumper wurde beim Indian Head FD zum Sonderfahrzeug für Schaum- und Öleinsätze umgebaut.

Indian head FD converted this former US-Army Class 530 C pumper to a special unit for foam and oil spill incidents.

Allegheny County International Airport FD, Pennsylvania
Engine 14
GMC Topkick/Pierce
Baujahr 1993
1250 gpm 1000 S

Dieses Schaumlöschfahrzeug steht auf dem Flughafen von Pittsburgh im Dienst.

This foam-pumper is in service at Pittsburgh´s airport.

Sun Refining and Marketing Company, Philadelphia Refinery, Pennsylvania
Foam Pumper
International S 2574/National Foam/Telesqurt 75 ft
Baujahr 1981
1000 gpm 1000 S

Dieser Foam-Pumper wurde von National Foam in mehreren Exemplaren gebaut. Das Fahrzeug der Sun Raffinerie ist unter anderem mit 5-Inch Schlauchmaterial ausgestattet. Die unten offenen Pumpenstände waren ein typisches Merkmal für National Foam.

National Foam built only a few examples of this foam pumper. The vehicle owned by Sun Refinery ist -among others- equipped with 5-inch hoses. Open pump bays were a typical characteristic for National Foam built appliances.

BP Refinery, Marcus Hook, Pennsylvania
Engine 86-2
International S 1900/National Foam/Squrt 50 ft
Baujahr 1983
1000 gpm 1000 S

Die Kombination 1000 gpm-Pumpe und 1000 gal. Schaummittel war sehr beliebt bei Raffinerielöschfahrzeugen. In dieser Kombination ist auch dieses Fahrzeug der BP Raffinerie in Marcus Hook gehalten. Sehr oft sind Raffinerielöschfahrzeuge auch mit Löscharm ausgestattet.

The combination of 1000 gpm-pump and 1000 gal. foam-concentrate was very popular with refinery fire trucks. BP Refinery at Marcus Hook operates one of these vehicles. Very often engines in use with refineries are additionally equipped with aerial devices.

Jack Daniel's Distillery, Lynchburg, Tennessee
Engine 19
Freightliner FL 80/E-One
Baujahr 1994
1500 gpm 1000 W 100 S 500 P

Ein sehr eleganter Pumper ist dieses Fahrzeug der Jack Daniel's Distillerie, das selbstverständlich in den Hausfarben dieses Unternehmens lackiert ist. Zusätzlich zu den gängigen Löschmitteln ist das Fahrzeug auch mir einem 1000 gpm Monitor ausgestattet.

This vehicle of Jack Daniel's Distillery is a very elegant appliance, certainly painted in the company´s house-colours. The vehicle id fitted with a 1000gpm monitor and carries the common extinguishment agents water, foam and dry-chemicals.

Bayway Refining Company, Linden, New Jersey
Foàm-Pumper 4
E-One Cyclone
Baujahr 1995
2000 gpm 250 W 750 S

Emergency One arbeitet auf dem Sektor der Schaumlöschfahrzeuge und -systeme mit der Firma Williams zusammen, die unter anderem Zumischsysteme und großvolumige Monitore liefert. Mit einem kleineren 2000 gpm Monitor ist dieser Pumper ausgestattet.

Emergency One cooperates on the field of foam pumpers and foam systems with Williams, a company building proportioner systems and large volume monitors. This pumper is equipped with a smaller 2000 gpm monitor.

Tanker

Zur Wasserversorgung, insbesondere in ländlichen Gebieten, verfügt nahezu jede amerikanische Feuerwehr außerhalb der Großstädte über Tanker. Der Großteil dieser Fahrzeuge sind auf Commercial Fahrgestellen aufgebaut, jedoch sind bei finanzstärkeren Fire Departments auch teilweise Custom-Fahrgestelle zu finden. Jeder Pumper der mindestens einen 1000 Gallonen Tank hat, kann nach den den Richtlinien der National Fire Protection Association als Tanker eingesetzt werden. In der Regel liegen die Tankinhalte bei Tankern jedoch zwischen 1500 und 3000 gal. Wasser. Fahrzeuge mit größeren Tankinhalten bis zu 9000 gal. sind allerdings auch vereinzelt anzutreffen.
Generell kann man die Tanker in zwei Kategorien einteilen. Erstens die Pumper-Tanker, die im Prinzip wie Pumper aufgebaut und ausgestattet sind und nur größere Tanks haben. Zweitens die reinen Tanker, die neben großem Tank meist nur über eine Pumpe zum Befüllen und Entleeren verfügen und sehr wenig feuerwehrtechnisches Material mitführen. Die meisten Tanker sind mit einem sogenannten Dump-Valve ausgestattet, einem großen Rohr, mit dem der Tank innerhalb kürzester Zeit geleert werden kann. Hierfür werden von vielen Tankern auch faltbare Auffangbecken mitgeführt, aus denen das Wasser dann an der Einsatzstelle von anderen Fahrzeugen entnommen werden kann.

Long Green Volunteer Fire Company, Maryland
Engine 381
E-One Cyclone TC
Baujahr 1991
1500 gpm 2000 W

Im Baltimore County liegt die kleine freiwillige Feuerwehr Long Green. Da die Wasserversorgung in dieser ländlichen Gegend sehr schlecht ist, setzt das FD diesen E-One Cyclone Pumper-Tanker mit Tilt-Cab ein.

Long Green Volunteer Fire Company, a small vol. fire department is situated in Baltimore County. For water supply in this rural area they use this E-One Cyclone pumper-tanker with tilt cab.

Ithaca FD, New York
Engine 901
Simon-Duplex Vanguard/Saulsbury
Baujahr 1991
1000 gpm 2000 W

Ebenfalls in die Kategorie der Pumper-Tanker fällt dieser Simon-Duplex des Ithaca FD im Westen des Bundesstaates New York. Wie viele moderne US-Pumper und Tanker ist auch dieses Fahrzeug mit Schläuchen mit 5 inch Durchmesser ausgestattet.

Ithaca, a town in the west of New York State, operates this Simon-Duplex pumper-tanker. Like many modern pumpers and tankers in the US this one is also equipped with 5 inch hoses.

Lacey Fire District, Washington
Tanker 3
Spartan Charger/Western States
Baujahr 1991
1000 gpm 2500 W

In typischer Bauweise für den Nordwesten der USA ist dieser Spartan mit seiner in die Kabine integrierten Vorbaupumpe und dem flachen Aufbau ausgestattet.

This Spartan is fitted with integrated pump and low profile coachwork, the typical design of fire engines in the northwestern States of the USA.

Delta-Cardiff Vol. Fire Company, Pennsylvania/Maryland
Tanker 621
Ford LS 9000/S&S
Baujahr 1988
1500 gpm 3500 W

Eine beeindruckendes Fahrzeug ist dieser Tanker des Delta Cardiff FD mit seinem elliptischen Tank. Verchromte Tanks sind bei vielen Tankern eine beliebte, wenn auch arbeitsintensive Erscheinung.

Delta Cardiff´s tanker with its elliptical tank is a very impressive model. Fitting tankers with chrome-plated tanks is very popular. Maintaining and cleaning these however is very labour intensive.

Middleburg FD, Virginia
Tanker 3
Ford LS 8000/Pierce
Baujahr 1986
400 gpm 1500 W

Der Tank bei diesem Fahrzeug ist durch das zweiachsige Fahrgestell nur relativ klein. Die für US-Verhältnisse ebenfalls sehr klein bemessene Pumpe dient in erster Linie nur dem Befüllen und Entleeren des Tanks. Trotzdem sind über der Pumpe in Buchten gelegte Schnellangriffschläuche, sogenannte "Mattydales", untergebracht.

Due to the two-axle chassis used this vehicle´s tank capacity is very small in comparison to other tankers. The -for American habits- also very small dimensioned pump primarily is used for filling and emptying the tank. Nevertheless the vehicle is equipped with so-called "Mattydales", the attack hoses stored over the pump.

Blooming Grove FD, Pennsylvania
Tanker 256
Ford LN 8000/Inter Pipe Incorporated
Baujahr 1990
1250 gpm 3750 W

"Pink Panther" heißt dieser Tanker des Blooming Grove FD im Nordosten Pennsylvanias. Im Prinzip ist es ein handelsüblicher Tankwagen der nur mit einer Pumpe und einem kleinen Monitor ausgestattet wurde.

This Tanker of Blooming Grove FD in north-eastern Pennsylvania is named "Pink Panther". Basically it is a converted tank truck additionally equipped with pump and small monitor.

Cornelius FD, Oregon
Tanker 8
White-GMC/Western States
Baujahr 1993
500 gpm 3000 W

Nur ein paar hundert Meter vom Aufbauhersteller entfernt versieht dieser Tanker seinen Dienst. Western States baut pro Jahr ca. 15-20 Fahrzeuge. Die Tanker dieser Firma zeichnen sich unter anderem durch einen relativ niedrigen Schwerpunkt aus.

This tanker is in service only a few hundred feet away from the body-manufacturer where it was built. Western States usually is building 15-20 vehicles per annum. Western States´ tankers distinguish themselves -among other features- by the low gravity centre.

Bowie FD, Maryland
Tanker 43
Mack R/4-Guys
Baujahr 1988
750 gpm 2000 W

Zu den mittelgroßen Tankern kann dieser Tanker des Bowie FD im Prince George´s County gezählt werden.

Bowie FD in Prince George´s County operates this medium sized tanker.

Pacific County Fire District 1, Ocean Park, Washington
Tanker 21-35
Mack F/Eigenumbau
Baujahr 1979
500 gpm 3800 W

In seinem früheren Leben versah dieser Tanker bei der US Air Force als Treibstofftankwagen seinen Dienst. Die Feuerwehrleute des Pacific County FD bauten ihn sich dann selbst zum Wassertankwagen um.

In its first life this tanker was used as US Air Force fuel-tanker. Pacific County FD´s firefighters converted it to a water tanker.

Roanoke FD, Virginia
Tanker 10
International Loadstar 1800/Oren
Baujahr 1972
750 gpm 1500 W

Auf der Flughafenwache des Roanoke FD ist dieser Tanker stationiert. Der Aufbauhersteller Oren war in Roanoke beheimatet und baute bis in die achtziger Jahre hinein Feuerwehrfahrzeuge. Die Firma wurde dann von Grumman übernommen.

Roanoke FD´s tanker is based at the airport fire station. Roanoke based body manufacturer Oren built fire trucks until the early eighties. Then the company was purchased by Grumman.

Alpha Fire Company, State College, Pennsylvania
Tanker 519
International S 2674/KME
Baujahr 1991
400 gpm 1500 W

Durch die ortsansässige Pennsylvania State University hat das State College FD keine Probleme mit Nachwuchs. Der Tanker der Wehr ist dieser schwere International Hauber.

State College FD hasn´t got problems with recruiting new personnel due to Pennsylvania´s State University. This heavy International-chassis is used as tanker.

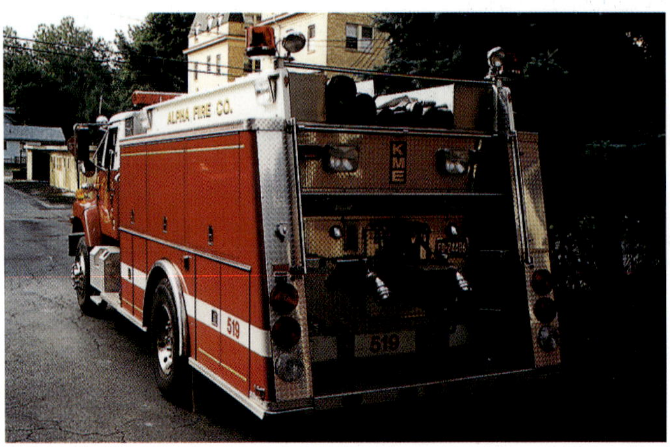

Port Matilda FD, Pennsylvania
Tanker 19
International Navistar 4900/New Lexington
Baujahr 1998
1750 gpm 2000 W

Der moderne International Navistar ist bei Fire Departments ein beliebtes Fahrgestell für alle Arten von Feuerwehrfahrzeugen. Dieser mittelgroße Tanker ist in einem nicht gerade sehr auffälligen Creme lackiert.

The modern International Navistar is a popular chassis with fire departments for all kinds of fire trucks. This medium sized tanker is painted in a very discreet creme-colour.

Woodburn Fire District, Oregon
Pumper-Tanker 209
International Navistar 4900/H&W
Baujahr 1997
1250 gpm 2500 W

Gleich zwei dieser Pumper-Tanker stellte die freiwillige Feuerwehr Woodburn 1997 in Dienst. Der Aufbauhersteller H&W hat erst vor wenigen Jahren mit dem Bau von Feuerwehrfahrzeugen begonnen.

In 1997 two of these pumper-tankers were commissioned by Woodburn Voluntary Fire Department. Only a few years ago body-manufacturer H&W started with building fire-apparatus.

Eugene FD, Oregon
Water-Tender 4
Kenworth C 500 A/Omco
Baujahr 1979
1000 gpm 3000 W 25 A-S 75 B-S

Dieser schwere Tanker des Eugene FD hat neben 3000 Gallonen Wasser auch Class A und Class B-Schaummittel an Bord. Die Pumpe wird durch einen separaten Motor angtrieben, um z. B. bei Waldbränden auch während der Fahrt löschen zu können.

Eugene FD´s heavy tanker carries 3000 gal of water and Class-A and B foam compounds. A separate motor drives the pump to enable fire fighting while the vehicle is rolling, useful e.g. when fighting brush fires.

County of Fairfax FD, Station 20 Gunston, Virginia
Tanker 20 – Kenworth/E-One
Baujahr 1988 – 1250 gpm 2500 W

Der eigentlich als Müllwagenfahrgestell konzipierte Kenworth Frontlenker wird nur relativ selten als Fahrgestell für Feuerwehrfahrzeuge verwendet. Das Fairfax County FD ist eine vom County unterhaltene Berufsfeuerwehr, die sowohl eigene als auch von freiwilligen Fire Companies beschaffte Fahrzeuge einsetzt. Dieser Tanker wurde in drei Exemplaren vom County angeschafft.

This Kenworth COE-chassis originally was designed for garbage trucks and is rarely used for fire apparatus. Fairfax County FD is the County´s professional fire department. The department operates own apparatus as well as vehicles owned by voluntary fire companies. Fairfay County purchased three of these tankers.

New Egypt Volunteer Fire Company, New Jersey
Tanker
Peterbilt 357/Saulsbury
Baujahr 1994
1500 gpm 3500 W

Saulsbury ist bekannt für seine sehr gut verarbeiteten Fahrzeuge. Dieser Tanker ist auf der Seite mit einer sehr schönen Zeichnung versehen. Diese sogenannten Murals sind in den letzten Jahren bei vielen Fire Departments zur Mode geworden.

Saulsbury ist well known for excellently manufactured vehicles. This tanker ist decorated with a very beautiful painting on the side. these "murals" have become a common habit with many fire departments during recent years.

Chattanooga FD, Tennessee
Tanker 14
Kaiser Jeep M 35/Eigenaufbau
Baujahr 1962
500 gpm 1000 W

Ehemalige Militärlastwagen sind eine beliebte Ausgangsbasis für kostengünstige Tanker. Dieser Kaiser Jeep wurde in den Werkstätten des Chattanooga FD mit einem Aufbau versehen. Der Tank ist bei diesem Fahrzeug relativ klein ausgefallen.

Former military trucks are very popular as basis for cheap tankers. This Kaiser Jeep was fitted with a new body at Chattanooga FD´s workshops. Due to the size of the vehicle the tank is relatively small.

Cassville Volunteer Fire Company No.1, Jackson, New Jersey
Tanker 5608
Peterbilt 379/Butler
Baujahr 1990 Baujahr Auflieger 1964
600 gpm 8500 W

Einen der beeindruckendsten Tanker überhaupt besitzt das Cassville FD in New Jersey. Der "Rolling River" hat ein Tankvolumen von 8500 gal. Der Sleeper hinter der Fahrerkabine ist als Kommandoraum eingerichtet.

One of the most impressive tankers is owned by Cassville FD in New Jersey. The "Rolling River" has a tank volume of 8500 gal. The Sleeper behind the cab is fitted out as command post.

Minotola Fire Company, Borough of Buena, New Jersey
Tanker 1125
GMC General/Heil
Baujahr 1981 Baujahr Auflieger 1966
9000 W

Die meisten Tanker dieser Größenordnung sind gebraucht gekaufte Fahrzeuge, die früher als Treibstofftankwagen verwendet wurden. Da der Süden New Jerseys sehr wasserarm ist, gibt es hier besonders viele dieser Fahrzeuge.

Most Tankers of this size are second-hand vehicles formerly used as fuel-tankers. Tankers of this size are very common in the arid regions of southern New Jersey.

Allegheny County International Airport FD, Pennsylvania
Tanker 17
Peterbilt 377/New Lexington
Baujahr 1999
2000 gpm 5000 W 1000 S

Dieser Tanker dient beim Airport FD von Pittsburgh zum Nachschub an Löschmitteln, kann aber auch selbständig eingesetzt werden. Aufgebaut wurde er von New Lexington, einem kleinen Feuerwehrfahrzeughersteller aus Pennsylvania.

This tanker is in use with Pittsburgh Airport FD for supply of water and foam but also can be used independently. It was built up by New Lexington, a small fire apparatus manufacturer based in Pennsylvania.

Mizpah Fire Company, Hamilton Township, New Jersey
Tanker 18
Mack R 686 ST/Fruehauf
Baujahr 1986
500 gpm 7500 W

Bertha Blue heißt dieser Tanker, der wie alle Fahrzeuge dieses Fire Departments in einem himmelblau lackiert ist.

Bertha Blue is the name of this tanker. All vehicles of this department are painted in this sky-blue colour.

Brush-Trucks

Waldbrandlöschfahrzeuge sind in den USA eine weit verbreitete Fahrzeugart. Nahezu jede Feuerwehr, selbst in den Großstädten, verfügt über mindestens eines dieser Fahrzeuge. Meist sind die Brush Trucks auf serienmäßigen Pick-Up Trucks aufgebaut, die mit einem sogenannten Skid-Mount-Modul ausgestattet sind, das aus einem Tank, einer kleinen Pumpe und einem Schnellangriff besteht. Für viele Brush Trucks werden auch ehemalige Militärlastwagen verwendet, die einfach mit einem Tank und einer Pumpe ausgerüstet werden. Dadurch, daß diese ohnehin Allradantrieb haben und kostengünstig zu bekommen sind, eignen sie sich besonders für diesen Zweck. Zahlungskräftigere Fire Departments lassen sich auch neue Fahrzeuge als Brush-Trucks aufbauen. Eine große Rolle in der US-amerikanischen Waldbrandbekämpfung spielen die nationalen und staatlichen Wald- und Landbehörden, wie beispielsweise das Bureau of Land Management, der US Forest Service und die Departments of Forestry der einzelnen Bundesstaaten. Diese Organisationen verfügen neben allen Arten von Brush-Trucks und Tankern teilweise auch über Flugzeuge und Hubschrauber.

Fire Department of the City of New York, New York
Brush Fire Unit 1
International Navistar 4800 4x4/Saulsbury
Baujahr 1997
500 gpm 500 W

Auch das FDNY hat einige Brush Trucks. Fünf dieser Navistar Fahrzeuge wurden 1997 in Dienst gestellt.

FDNY opertaes brush trucks in the fleet as well. Five of these International Navistar appliances were taken into service in 1997.

Carver FD, Massachusetts
Brush 27
International Navistar 4800 4x4/ E.J.Murphy
Baujahr 1988 – 250 gpm 750 W

Eine Spezialität der Feuerwehren des Bundesstaates Massachusetts sind die schweren "Brush-Breaker", die rundherum mit schweren Astabweisern ausgerüstet sind. Diese Fahrzeuge können leicht über kleinere Sträucher, dem gängigen Bodenbewuchs dieser Region, fahren, und dabei auch Äste zur Seite schieben.

Heavy "brush breakers", vehicles equipped with brush bars are a specialty of Massachusetts´ fire departments. These appliances are capable to drive over the small bushes cover the soil in this region and also to push away branches.

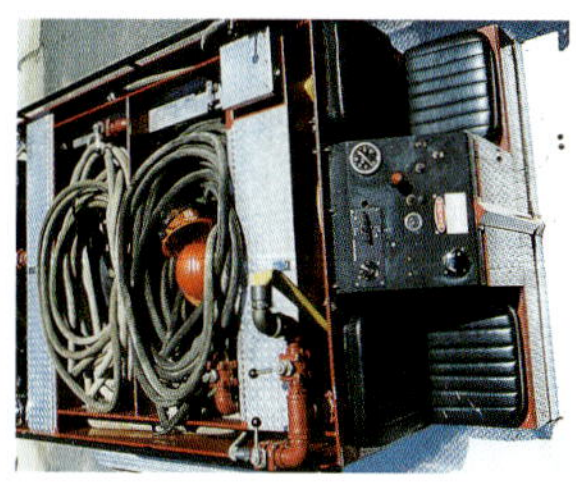

FD of the City of New York, New York
Brush Fire Unit 4 – Amertek CFRV-1
Baujahr 1989 in Dienst 1997
1000 gpm 660 W 72 S

Aus Armee-Beständen übernahm das FDNY zwei dieser Amerteks und setzte sie als Brush Trucks ein. Dieses eigentlich als Pumper für die US-Army konzipierte Fahrzeug eignet sich durch seinen Allradantrieb, Einzelbereifung und die Möglichkeit auch während der Fahrt die Pumpe betreiben zu können, ganz besonders als Brush Truck.

FDNY purchased two of these Amertek pumpers and commissioned them as brush trucks. The Amertek has been designed and constructed as pumper for the US-Army and fits perfectly to the role of a brush truck due to four-wheel drive, single tires and pump and roll capability.

Wareham FD, Massachusetts
Brush 176
Kaiser Jeep M 54/E.J.Murphy
Baujahr 1978 Umbau 1990
250 gpm 1000 W

Mit 1000 Gallonen Wasser ist dieser Brush Truck eigentlich schon als Tanker einzustufen. Die Firma E.J Murphy hat sich auf Umbauten von Feuerwehrfahrzeugen spezialisiert und ist vor allem in den Neuenglandstaaten aktiv.

With a tank for 1000 gal of water this vehicle seems to be more a tanker than a brush truck. E.J.Murphy has been specializing in converting fire trucks and it covers the market mainly in the New England States.

Lexington FD, Kentucky
Engine 3
Kaiser Jeep M 35/Eigenaufbau
Baujahr 1963
1000 gpm 1100 W

Als Brush Truck wird auch dieser ehemalige Militärlastwagen eingesetzt. Der Umbau erfolgte in der Werkstatt des Lexington FD.

This former Army truck is in use as brush truck as well. The conversion was done in the workshops of Lexington FD.

Pacific County Fire District 1, Ocean Park, Washington
Brush 21-53
AM General M 123/Eigenaufbau
Baujahr 1973
34 gpm 1400 W

Dieses mächtige Fahrzeug wurde in seiner ersten Karriere als Panzertransporter der US Army eingesetzt, bevor es beim Pacific County FD zum Brush Truck umgebaut wurde.

This huge vehicle was used as tank transporter with the US Army before being converted into a brush truck by Pacifc County FD.

Blooming Grove FD, Pennsylvania
Brush 258
Studebaker M 44/Eigenbau
Baujahr 1952 Umbau 1994
350 gpm 500 W

Einen vollkommen außergewöhnlichen Brush Truck besitzt das Blooming Grove FD. Aus einem normalen M 44 6x6 baute sich die Wehr ein hinterachsgelenktes Allradfahrzeug. Hierzu wurde einfach eine Vorderachse als Hinterachse eingebaut, die durch einen Joystick gelenkt werden kann.

Blooming Grove FD operates a rather unusual brush truck. A standard M 44 6x6 was converted to a front and rear axle steered vehicle. The conversion was done by fitting a second front axle in place of the rear axle. The manoeuverable rear axle can be steered with a joy-stick.

Jackson Mills FD, New Jersey – Brush 5419
MB Unimog 1200 L
Baujahr 1986
350 gpm 500 W

Da der Unimog im Gegensatz zu US-Fahrzeugen relativ teuer ist, ist er nur sehr selten bei US Fire Departments anzutreffen. Die Firefighter des Jackson Mills FD sind jedoch hochzufrieden mit ihrem Brush Truck.

Compared to US-vehicles the Unimog is a relative expensive vehicle and therefore it is not often to be found at US fire departments. However, Jackson Mills FD´s firefighters are totally pleased with this brush truck.

Boise FD, Idaho
Brush 9
AM General Hummer/Eigenaufbau
Baujahr 1997
60 gpm 350 W

Der Hummer ist zur Zeit das beliebteste, wenn auch teuerste Fahrgestell für Brush Trucks. Für den Aufbau von Brush Trucks stellen eine ganze Reihe Hersteller Einzelteile her, die von den Feuerwehren dann nur noch auf die Fahrzeuge aufgesetzt werden müssen.

The Hummer today can be regarded the most popular and also the most expensive chassis for brush trucks. A number of suppliers produce conversion parts for brush trucks which can be fitted to the vehicles at the fire departments workshops.

Pacific County Fire District 1, Ocean Park, Washington – Brush 21-51
Consolidated Diesel Electric Co. Gama Goat M 561/Eigenaufbau
Baujahr 1971 – 34 gpm 200 W

Der Gama Goat ist zwar durch seine drei angetriebenen Achsen sehr geländegängig aber sehr schwer auf der Straße zu manövrieren, da nur die erste und dritte Achse lenkbar ist. Trotzdem eignet er sich durch seine Geländegängigkeit sehr zum Brush Truck

The 6x6 Gama Goat is an excellent all-terrain vehicle. However drivers consider it very difficult to be driven on roads due to the steering system which only enables the frist and third axle to be steered.

North Brunswick FD, New Jersey
Brush 207
Dodge WC 62/Eigenaufbau
Baujahr 1942 – 100 gpm 300 W

Dieser Veteran unter den Brush Trucks steht immer noch beim North Brunswick FD im Dienst. Dieses Dodge-Chassis wurde in zwei- und dreiachsiger Version gebaut und bei unzähligen Fire Departments später als Brush Truck verwendet.
This brush truck is a veteran among these types of fire engines and is still in service with North Brunswick FD. This Dodge chassis was built in 4x4 and 6x6 versions and used by countless fire departments as brush trucks after the military career.

Bel Air FD, Maryland
Brush 341
International Harvester 1310/Eigenaufbau
Baujahr 1970
250 gpm 200 W

Cassville Volunteer Fire Company, New Jersey
Brush 5629
Jeep/Eigenaufbau
Baujahr 1967
250 gpm 275 W

Long Green Volunteer Fire Company, Maryland
Brush
Dodge W 200/Wajax-Pacific/Eigenbau
Baujahr 1977
50 gpm 200 W

North Carolina Forest Service, Rockingham, North Carolina
Brush
Dodge Ram 2500/Eigenaufbau
Baujahr 1998
40 gpm 200 W

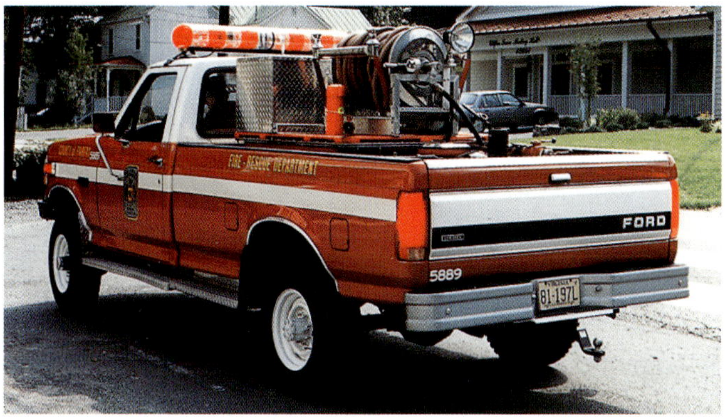

County of Fairfax FD, Station 16 Clifton, Virginia
Brush 16
Ford F 350/Wajax-Pacific
Baujahr 1991
250 gpm 200 W

Indian Head Volunteer Fire Department, Maryland
Brush 94
Ford F 350/Merco
Baujahr 1990
250 gpm 200 W

Minotola Fire Company, Borough of Buena, New Jersey
Brush 1124
GMC Sierra 3500/Eigenaufbau
Baujahr 1986
750 gpm 250 W

Idaho Bureau of Land Management, Idaho Falls, Idaho
Engine 372
Chevrolet Cheyenne 3500/Northwest Bodies
Baujahr 1994
100 gpm 250 W

ARFF

Die Abkürzung ARFF steht für Airport Rescue and Firefighting Vehicles, übersetzt also Flughafenrettungs- und -löschfahrzeuge. Wie auch in anderen Staaten werden in den USA hier zwei Typen unterschieden, das Rapid Intervention Vehicle (RIV) und das Crash Fire Rescue Vehicle (CFR).
Das RIV ist ein schnelles Vorausfahrzeug, das vor den Großfahrzeugen am Unfallort eintreffen kann, um den Erstangriff bis zum Eintreffen der Großfahrzeuge zu beginnen. Dies ist besonders wichtig, da die Flugzeugaußenhaut einem Brand nur ca. drei Minuten standhält. Diese Fahrzeuge sind meistens mit einem Wasser/Schaummittelgemisch (Aquaeus Film Forming Foam - AFFF) und Pulver ausgestattet. In der Vergangenheit wurde auch Halon gerne verwendet.
Die größeren Crash Fire Rescue Vehicle transportieren üblicherweise zwischen 1500 und 3000 Gallonen Wasser und eine entsprechende Menge Schaumlöschmittel. Teilweise werden auch auf diesen Fahrzeugen Pulverlöschanlagen mitgeführt. Einige wenige Flughäfen besitzen auch Fahrzeuge mit größeren Löschmittelmengen. Die wichtigsten Hersteller der Flughafenlöschfahrzeuge in Nordamerika sind Oshkosh, E-One, Walter (seit 1998 zu KME gehörend) und Amertek.

Allegheny County Airport FD, Pennsylvania
RIV 10 – Chevrolet Custom de Luxe 30/Werner/Ansul
Baujahr 1987 – 100 S 500 P

Ein typisches ARFF-Fahrzeug für kleine Sport- und Regionalflughäfen ist dieses Fahrzeug. Der Aufbau ist ein serienmäßiger Werkzeugkoffer, wie er auch für Handwerkerfahrzeuge verwendet wird. In die Mitte dieses Aufbaus ist eine Twin-Agent-Löschanlage eingeschoben, die aus einem Pulver- und einem AFFF-Tank, sowie einer Schnellangriffsleitung besteht.

This vehicle is a typical ARFF-vehicle in use with smaller airports. Usually the body is a standardized coachwork similar to those fitted to craftsmen´s vehicles. As to be seen on this vehicle, a twin-agent-unit, usually equipped with dry-chemicals, AFFF and a first aid reel, is skid-mounted in the middle of the bodywork.

Metro Knoxville Airport FD, Tennessee
RIV 101
Chevrolet Silverado 3500/Fire&Technical Equipment
Baujahr Chassis 1995 Baujahr Aufbau 1983
200 S 250 P

Die Löschanlage dieses Fahrzeugs wurde von einem älteren RIV übernommen.

The extinguishing-system of this vehicle was taken from an older RIV.

Wilkes-Barre/Scranton International Airport FD, Pennsylvania
RIV 1
Ford F Super Duty/Walter/Ranger
Baujahr 1995
750 gpm 300 W 45 S 500 P

Im Gegensatz zu den meisten RIVs, bei denen das Löschmittel mit Treibgas ausgestoßen wird, ist dieses Fahrzeug auch mit einer Pumpe ausgestattet, die es unter anderem ermöglicht, den kleinen Wasser/Schaum-Monitor auf der Stoßstange zu betreiben. Die rote Treibgasflasche auf dem Fahrzeugdach ist für den Betrieb der Pulveranlage vorgesehen.

Unlike most of the RIVs where the extinguishing agent is ejected by a propellent gas, this vehicle is equipped with a pump which supplies the small front monitor on the bumper as well. The red propelling gas bottle on top of the vehicle powers the vehicle´s dry-chemicals unit.

Cincinnati/Northern Kentucky International Airport FD, Kentucky
RIV 967
Dodge Ram 3500/Ferrara
Baujahr 1994
100 S 450 P

Das Löschmittel bei diesem Fahrzeug wird lediglich über Druckgasflaschen ausgestoßen. Hierdurch wird ebenfalls der kombinierte Wasser/Schaum/Pulver-Monitor an der Front betrieben.

The extinguishing agent on this vehicle is only ejected by propellent gas cylinders. With these also the small water/foam/dry-chemicals monitor at the front is operated.

Moore County Airport FD, North Carolina – RIV 1
International Navistar 4800 4x4/CRES – Baujahr 1994
1000 gpm 500 W 250 S 200 P

Bereits eine Nummer größer als die vorher gezeigten Fahrzeuge ist dieser International, der als einziges Fahrzeug auf diesem kleinen Flugplatz den Brandschutz sicherstellt. CRES war anfangs auf den Umbau von Flughafenlöschfahrzeugen spezialisiert und baut heute auch komplette Neufahrzeuge.

Slightly larger than the vehicles shown previously is this International-RIV which is the only firefighting appliance on this small airport. Formerly CRES was specializing in rebuilding ARFF-vehicles, today they are offering complete new vehicles, too.

U.S.Coast Guard Air Station Floyd Bennett Field, Brooklyn, New York
RIV
International S 1800 4x4/Fire&Technical Equipment
Baujahr 1981
200 S 500 P

Auch die US-Küstenwache hat für den Brandschutz auf ihren Flugplätzen Löschfahrzeuge. Der Hubschrauberlandeplatz in New York City wird von diesem Fahrzeug betreut, das mit Pulver und AFFF ausgestattet ist.

The US Coast Guard runs fire engines for fire protection on their airfields as well. This vehicle is in use for fire cover at the USCG helicopter station in New York City. It is equipped with AFFF and purple-K-powder.

Portland International Airport FD, Oregon
CFR 810
Duplex D 250 4x4/Fire-X
Baujahr 1981
1250 gpm 1500 W 280 S 500 P

Bereits zu den größeren Crash Trucks gehört dieses RIV, das von dem kleinen Hersteller Fire-X gebaut wurde. Diese Firma war Mitte der siebziger bis Mitte der achtziger Jahre aktiv.

Fire-X built this RIV which can be regarded as one of the larger crash fire trucks. Fire-X was in business between the mid-seventies and the mid-eighties.

Spokane International Airport FD, Washington
RIV
GMC 7000 4x4/Pierreville
Baujahr 1985
300 gpm 500 W 200 S 500 Halon

Die Firma Pierreville aus Kanada hat nicht sehr viele Crash Trucks gebaut. Eine Ausnahme ist dieses RIV aus dem östlichen Washington.

Pierreville from Canada did not build many crash fire trucks. This RIV from eastern Washington is one of the few.

Raleigh-Durham International Airport FD, North Carolina
CFR 3 – Walter CDQG 1500/CRES
Baujahr 1977 Umbau 1990 – 1000 gpm 1500 W 180 S 500 P

Walter baut seit den vierziger Jahren Crash Trucks. Bis in die siebziger Jahre hinein hatte nahezu jeder größere Flughafen der USA Walter Crash Trucks. Dieses Fahrzeug wurde 1990 von Crash Rescue Equipment Services modernisiert.

Walter have been building crash fire trucks since the 40s. Up to the seventees nearly every larger airport in the US used Walter crash fire trucks. This vehicle was modernized by Crash Rescue Equipment Services in 1990.

Philadelphia International Airport FD, Pennsylvania
CFR F-4
Walter CB 3000/CRES
Baujahr 1986
2x1000 gpm 3000 W 360 S

Dieser Fahrzeugtyp war lange Zeit ein Standardfahrzeug auf vielen großen Flughäfen. Walter baute bei diesen Modellen zwei Motoren ein, die wahlweise beide zum Fahren, oder einer zum Fahren und der andere zum Pumpen verwendet werden konnten. Ebenso hatten diese großen Typen zwei Pumpen. Ein Merkmal für den Umbau durch CRES ist der vor dem Kabinendach plazierte Monitor.

This type was a standard vehicle on most large airports for a long period. These models were fitted with two engines enabling them to move and to pump at the same time or optionally to use both engines for accelerating the vehicle. Additionally these vehicles were equipped with two pumps. A characteristic for the refurbishing done by CRES is the monitor in front of the cab-roof.

Teterboro Airport FD, New Jersey – RIV R-1 – Walter BDGL 1500
Baujahr 1996 – 1000 gpm 1500 W 180 S 450 P

1994 stellte die zwischenzeitlich bereits einmal im Konkurs gewesene und neu gegründete Firma Walter eine neue Serie von Crash Trucks vor. Die kleinen RIV haben eine Breite wie normale LKW und sind sehr wendig. Das Fahrzeug aus Teterboro ist mit Schnellangriffen für Wasser/Schaum, sowie Elektro- und Hydraulikanschlüssen für die Hurst-Rettungsgeräte ausgestattet.

Walter, a well known manufacturer of ARFF-vehicles had gone into receivership and was refounded. In 1994 the company introduced a new line of crash fire trucks. The very manoeverable small RIV have normal truck width. The Teterboro RIV is equipped with first aid-hoses for water and foam, electrical and hydraulic connection for the Hurst rescue tools.

Albany International Airport FD, New York
CFR E-5
Walter BDT 3000
Baujahr 1997
1250 gpm 3000 W 500 S 500 P

Die große Linie der Walter Crash Fire Trucks wird von diesem Typ fortgeführt. Im Gegensatz zu früheren Walter Crash Trucks wird dieses Fahrzeug nur noch von einem Detroit Dieselmotor mit 540 PS Leistung angetrieben.

The large range of Walter ARFF-vehicles is being continued with this model. Contrary to ARFF-vehicles previously built by Walter this one is only powered by one 540 HP Detroit Diesel engine.

Roanoke International Airport FD, Virginia – CFR AR-2
Oshkosh M-1500/CRES/Snozzle 50 ft
Baujahr 1976 Umbau 1995 – 1500 gpm 1500 W 185 S 450 P

Einer der ersten größeren Oshkosh Crash Fire Trucks war der für die US Air Force entwickelte Typ P-4. Die zivile Variante wurde als M-1500 bezeichnet.

One of the first larger Oshkosh crash fire trucks was the P-4 which was developed for the US-Air Force. The civilian version was named M-1500.

Metropolitan Washington Airports Authority, Dulles Airport FD, Virginia
CFR R-358 – Oshkosh T-6 – Baujahr 1981 – 1500 gpm 1500 W 215 S 500 P

Mit der T-Serie begann für Oshkosh der große Duchbruch im Flughafenlöschfahrzeug-Geschäft. Diese Fahrzeuge sind in den USA zu Hunderten im Dienst.

Oshkosh achieved a break-through on the market of ARFF-vehicles with the T-series. There are few hundred of these vehicles in service with airports in the USA.

Boeing FD, Renton, Washington - CFR 13 – Oshkosh T-3000
Baujahr 1991 – 1800 gpm 3000 W 410 S

Die T-Serie entwickelte sich sehr schnell zu einem Renner, der Oshkosh zum Marktführer auf dem Gebiet der Flughafenlöschfahrzeuge machte. Die Standardgrößen sind mit 1500 und 3000 gal Wasservorrat ausgerüstet, wahlweise zusätzlich mit Pulveranlage. Anfangs wurden die Dreiachser als T-12 bezeichnet, später wurde die Typenbezeichnung in T-3000 geändert. Auch Boeing beschaffte für seine Flugplätze Fahrzeuge der T-3000 Serie.

The T-series became successful very quickly making Oshkosh the market-leader for ARFF-vehicles. The vehciles are offered with standard-tank sizes of 1500 and 3000 gal of water, optionally with additional dry-chemical unit. In the beginning the 6x6 models were named T-12, later changed to T-3000. Also Boeing purchased vehicles of the T-3000 series for their airfields.

The Port Authority of New York and New Jersey, Newark International Airport, New Jersey
CFR 56671
Oshkosh T-2500
Baujahr 1988
1800 gpm 2500 W 400 S

Eine etwas kleinere Version mit nur 2500 gal Wasser beschaffte die New Yorker Port Authority für ihre drei Flughäfen JFK, La Guardia und Newark. Insgesamt 14 dieser Fahrzeuge wurden 1988 in Dienst gestellt.

A reduced version with only 2500 gal of water was bought by New York´s port authority for their three airports JFK, La Guardia and Newark. In total 14 of these units were taken into service in 1988.

Blue Grass Airport FD, Lexington, Kentucky
CFR 57
Oshkosh TB-1500/Snozzle 50 ft
Baujahr 1997
1500 gpm 1500 W 220 S

Anfang der neunziger Jahre brachte Oshkosh die TB-Serie, eine neue, überarbeitete Version der T-Baureihe auf den Markt, die genauso erfolgreich wurde. Nachdem Anfang der neunziger Jahre der "Snozzle" auf dem Markt erschien, wurden immer mehr Fahrzeuge mit diesem Gerät ausgestattet. Der Snozzle kann auch, wie bei diesem Fahrzeug, mit einer Spitze ausgestattet werden, die es erlaubt, die Flugzeugaußenhaut zu durchstoßen, um Kabinenbrände zu löschen.

At the beginning of the nineties Oshkosh introduced the TB-range, an improved version of the T-model, which proved to be equally successful as its predecessor. Also at the same time the first "Snozzles" appeared on the market and it became more and more common to fit ARFF-vehicles with these devices. The Snozzle also can be equipped with a piercing tip. With this device it is possible to punch a hole into the airplane´s skin to extinguish fires inside the cabin.

Metropolitan Washington Airports Authority, Dulles Airport FD, Virginia
CFR 326 – Oshkosh TB-3000 - Baujahr 1998
1800 gpm 3000 W 440 S 500 P

Beide Baureihen, TB-1500 und TB-3000, kamen zur selben Zeit mit modularem Aufbausystem auf den Markt. Dieses Fahrzeug ist mit einer Pulveranlage ausgerüstet, erkennbar an der auf dem Dach gelagerten roten Treibgasflasche.

Both models, TB-1500 as well as TB-3000, appeared on the market at the same time with a modular body system. This vehicle is equipped with a dry-chemical unit, clearly visible at the red gas cylinder stored on the roof.

Rickenbacker Air Force Base FD, Columbus, Ohio
CFR 1
Oshkosh P-15
Baujahr 1990
2x1250 gpm 6100 W 515 S

Das größte Fahrzeug, das Oshkosh jemals baute, war der für die USAF konzipierte P-15. Mit über 6000 gal Wasser hatte er mehr als den doppelten Tankinhalt wie die größten Fahrzeuge der T-Serie. Im übrigen handelt es sich bei diesen Fahrzeugen nicht, wie vielfach behauptet, um das größte jemals gebaute Löschfahrzeug.

The P-15 has been the largest vehicle Oshkosh ever built. It was especially designed for the USAF. Carrying more than 6000 gallons of water it had more than double the capacitiy of the largest vehicles of the T-model. By the way, it is not the largest fire apparatus ever produced, as often claimed.

Atlanta William B.Hartsfield International Airport, Georgia
Yellow 3
Oshkosh M-15
Baujahr 1979
1800 gpm 4000 W 500 S

Der M-15 war eine zivile und etwas kleinere Version des P-15. Atlanta besaß 4 dieser Fahrzeuge.

The M-15 was a smaller civilian version of the P-15-model. Atlanta Int. Airport had in service four of these vehicles.

Allegheny County International Airport FD, Pennsylvania
RIV 3
Oshkosh P-19 B
Baujahr 1986
1000 gpm 1000 W 130 S 500 Halon

Der P-19 wurde von Oshkosh für die USAF als schnelles Rapid Intervention Vehicle gebaut. Einige Fahrzeuge konnten auch an zivile Flughäfen verkauft werden. Die B-Variante ist auch für die Gebäudebrandbekämpfung ausgestattet, erkennbar am aufwendigeren Pumpenbedienstand.

The P-19 was developed by Oshkosh as a rapid intervention vehicle for the USAF. A few vehicles were also delivered to civil airports. The B-series is also equipped for building fire protection, recognizable at the larger dimensions of the pump-panel.

Jackson Hole Airport FD, Wyoming
CFR 1
Oshkosh DA-1500/Rosenbauer
Baujahr 1988
1500 gpm 1500 W 265 S 500 Halon

Der Oshkosh DA-1500 wurde von Oshkosh zusammen mit Rosenbauer entwickelt und trägt deutliche Merkmale dieses österreichischen Herstellers. Bei Rosenbauer wurde das knickgelenkte Fahrzeug "Viper" genannt. Verkauft wurde es aber nur in Nordamerika.

Oshkosh constructed the DA-1500 together with Rosenbauer of Austria. The vehicle shows strong characteristics of this Austrian manufacturer. Rosenbauer named this fold-steered vehicle Viper. It was sold only in North-America.

Metropolitan Washington Airports Authority, Dulles International Airport, Virginia
CFR 326
Emergency-One Titan
Baujahr 1986
1250 gpm 1500 W 215 S

Anfang der achtziger Jahre brachte E-One eine eigene Serie Crash Trucks auf den Markt. Der Titan wird in zwei- und dreiachsiger Version mit einem Wassertankvolumen zwischen 750 und 3000 gal. gebaut.

In the beginning eighties E-One developed their own series of crash fire trucks. The Titan is being built in 4x4 and 6x6 versions with water tanks ranging from 750 gal up to 3000 gal.

Syracuse International Airport FD, New York
CFR 6
Emergency-One Titan 50 ft
Baujahr 1994
1500 gpm 2000 W 260 S

Eine Variante der Titan-Serie ist mit einem 50-Fuß Teleskopmast ausgestattet. An der Spitze des Mastes ist ein leistungsstarker Monitor montiert. Diese Fahrzeuge wurden unter anderem an die Flughäfen von Atlanta, Syracuse und Palm Beach County geliefert.

A variant of the Titan series is equipped with a 50 ft teleboom. At top of the boom there is a large capacity monitor mounted. Among others these vehicles were delivered to the airports of Atlanta, Syracuse and Palm Beach County.

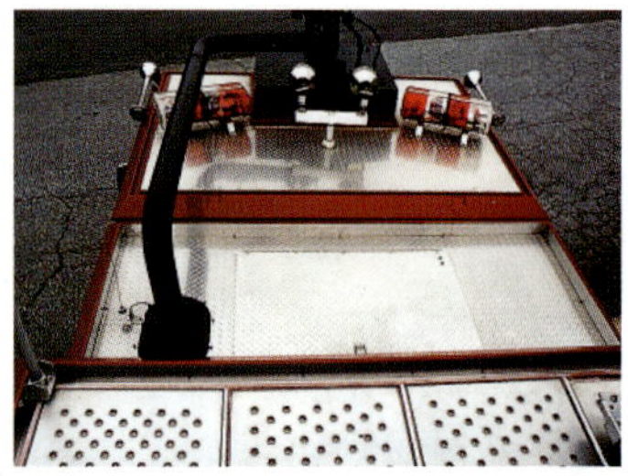

Donaldson Center FD, South Carolina
CFR 4
Emergency-One Titan
Baujahr 1995
1800 gpm 3000 W 400 S

Das Donaldson Center FD ist ein County Fire Department, das auch für einen kleinen Flugplatz und ein Industriegebiet zuständig ist. Aus diesem Grund sind die Fahrzeuge dieses Fire Departments auch entgegen dem auf Flughäfen normalerweise vorgeschriebenen lime-green in rot lackiert.

Donaldson Center FD is a county FD being responsible for a small airport and an industrial area, too. For that reason the apparatus of this FD are coloured red instead of lime-green, the official colour for airport fire fighting vehicles in the USA.

Louisville International Airport FD, Kentucky
CFR 48
Emergency-One Titan HPR/Snozzle 50 ft
Baujahr 1998
1250 gpm 1500 W 200 S 500 Halotron

Als Nachfolgegeneration erschien bei E-One Mitte der neunziger Jahre die HPR-(High Performance Rescue)-Baureihe. Die Fahrzeuge werden in zwei, drei und vierachsigen Versionen mit Tankinhalten von 750 bis zu 4000 gal Wasser angeboten. Das hier gezeigt Fahrzeug ist zusätzlich noch mit einem "Snozzle" ausgestattet.

In the middle of the nineties E-One presented the HPR (High Performance Rescue)-range available with 4x4, 6x6 and 8x8 chassis and watertank-capacities ranging from 750 up to 4000 gal. This vehicle additionally is equipped with a "Snozzle".

Stewart Air National Guard Base, Newburgh, New York
CFR 6 P-23
Teledyne Continental/E-One
Baujahr 1994
2000 gpm 3300 W 500S 500P

Die ersten Titan HPR-Flughafenlöschfahrzeuge baute E-One in Zusammenarbeit mit Teledyne Continental für die US Air Force. Air Force intern werden die Fahrzeuge als P-23 bezeichnet.

The first Titan HPR were built for the USAF by E-One in cooperation with Teledyne Continental. The USAF internally calls these vehicles P-23.

Palm Beach International Airport FD, Florida
CFR 5
Caterpillar 627/Klein
Baujahr 1968
1000 gpm 7000 W

Die von Caterpillar/Klein gebauten GFLF waren die größten jemals gebauten Flughafenlöschfahrzeuge. Verkauft wurden von diesem in zwei verschiedenen Größen gebauten Fahrzeug allerdings nur wenige. Diese größere der beiden Varianten dient auf dem Palm Beach Airport inzwischen nur noch als Reservefahrzeug.

ARFF-vehicles built by Caterpillar/Klein have been the largest ARFF-vehicles ever built. These vehicles were built in two sizes and remarkably there have been only a few sold. This example of the larger model today is used only as reserve vehicle at Palm Beach International Airport.

William B.Hartsfield International Airport FD
Atlanta, Georgia
RIV Yellow-0
Colet Jaguar K
15 Löscharm 40 ft
Baujahr 1996
1250 gpm 1530 W 100 S 500 P

Eine neue Generation RIVs stellte der Flughafen Atlanta 1996 in Dienst. Die Fahrzeuge wurden von der bis dahin nur wenig in Erscheinung getretenen Firma Colet aus Kalifornien gebaut. Die Fahrzeuge sind ausgerüstet mit GPS, Infrarotkamera, drei Rückfahrkameras und einem auf 40-Fuß ausfahrbaren Löscharm. Es wird durch einen 595 PS starken Detroit Dieselmotor angetrieben.

Atlanta Int. Airport FD commisisioned a new generation of RIVs in 1996. These vehicles were built by Californian manufacturer Colet, a company not much known until then. The apparatus are equipped with GPS, infra-red camera, three video-cameras at the sides and the back and a 40 ft telescoping boom. It is driven by a 595 HP Detroit Diesel.

William B.Hartsfield International Airport FD Atlanta, Georgia
CFR Yellow-2
Colet Jaguar K/R-40
Baujahr 1999
1250 gpm 4000 W 250 S

Als Ersatz für die alten Oshkosh M-4000 bekam der Flughafen Atlanta 1999 vier dieser Jaguar K/R-40 von Colet. Die Kabinenkonstruktion entspricht den kleineren K-15 RIVs. Von den 5 Achsen sind 3 angetrieben und die ersten beiden, sowie die hintere Achse gelenkt. Angetrieben wird das Fahrzeug von zwei Detroit Dieselmotoren mit jeweils 800 PS, die das Fahrzeug in 20 Sekunden von 0 auf 80 km/h beschleunigen. Der Monitor auf dem Teleskopmast leistet rund 1000 gpm und wird von einer 1250 gpm Hale Pumpe gespeist. Der Tank liegt teilweise tiefgezogen zwischen den Achsen, um den Schwerpunkt möglichst niedrig zu halten.

Atlanta Airport FD put in service four of these Colet Jaguar K/R-40 in 1999 thus replacing the old Oshkosh M-4000-vehicles. The cab-construction is similar to those of the K-15 RIV. 3 of the 5 axles are driven and the first two and the last axle are steered. The apparatus is powered by two 800 HP Detroit Diesel engines accelerating the vehicle from 0 to 50 mph within 20 seconds. The Monitor is feed by a 1250 gpm Hale pump and is rated at 1000 gpm. The tank is placed between the axles to hold the gravity centre low.

Boeing FD, Renton, Washington
CFR 21
Freightliner FL 112/Fire-Bann
Baujahr 1993
2000 gpm 5000 W 500 S

Die Boeing-Werkfeuerwehren haben bereits seit den siebziger Jahren Crash Fire Trucks in Sattelschlepperform. Das neueste Fahrzeug dieser Art steht im Werk Renton.

Boeing's fire departments have been using ARFF-vehicles in tractor-trailer configuration since the seventies. Renton plant has got the latest vehicle of this kind.

District of Columbia FD – Foam and Chemical Unit 1 – Amertek CF 4000 L
Baujahr 1991 – 900 gpm 1000 W 130 S 250 P

Für den Brandschutz bei Hubschrauberlandungen am Weißen Haus besitzt das DCFD zwei dieser Crash Trucks, von denen einer von der US Navy zur Verfügung gestellt wurde. Der kanadische Hersteller Amertek baute seine Fahrzeuge hauptsächlich für das Militär und kanadische Flughäfen.

DCFD runs two of these ARFF-vehicles for stand-by at the White House in case of helicopter landings there. One of these vehicles is on loan from the US-Navy. Canadian manufacturer Amertek built vehicles basically for the military services and for Canadian airports.

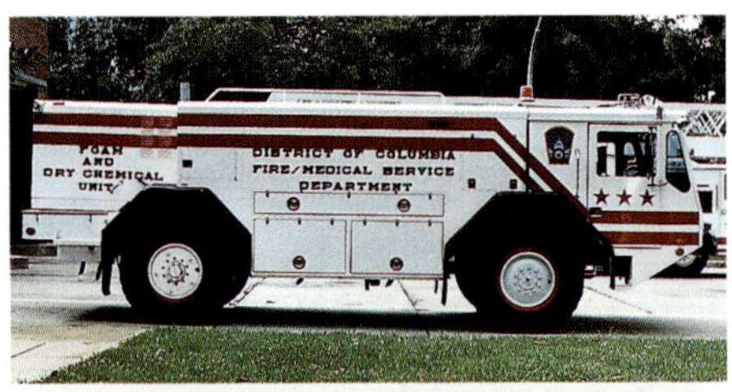

Jackson Hole Airport FD, Wyoming
CFR 3
Peterbilt 357 6x6/Darley/Snozzle 50 ft
Baujahr 1996
1250 gpm 2800 W 90 S

Zum Abschluß dieses Kapitels noch eines der seltenen Flugfeldlöschfahrzeuge auf Commercial-Fahrgestell. Da das Airport FD in Jackson Hole die einzige Feuerwehr im weiteren Umkreis ist, wollte man ein möglichst flexibles Fahrzeug haben, das sowohl für den Flugzeug- als auch für den Gebäudebrandschutz einsetzbar ist. Von Darley wurde dieser schwere Peterbilt dafür mit einem Pumper/Tankeraufbau und einem 50-Fuß Snozzle versehen. Zusätzlich ist das Fahrzeug mit Allradantrieb ausgestattet, was für einen Peterbilt sehr ungewöhnlich ist.

To close this chapter I would like to present one of the rare ARFF-vehicles on commercial chassis. As Jackson Hole Airport FD is the only FD in this region they wanted to have a flexible apparatus for airport and conventional firefighting purposes. Darley supplied the pumper coachwork and a 50 ft snozzle to this heavy Peterbilt 6x6-chassis. The 6x6-drive is very uncommon for Peterbilt-vehicles.

Aerials & Snorkel

Die Entwicklung der Hubrettungsfahrzeuge hat in Amerika einen völlig anderen Weg genommen als in Europa. Die ersten Drehleitern wurden in der Sattelschlepper-Bauform gebaut, die Tractor-Drawn Aerial Trucks oder auch kurz TDA oder umgangssprachlich Tillers (von Tillered Aerials) genannt werden. Später kam die Bauform mit nach hinten abgelegter Leiter hinzu, die sogenannten Midship- oder Mid Mounted Aerials, bei denen der Leiterstuhl hinter der Kabine angebracht war. Erst relativ spät wurde die auch hierzulande übliche Rearmount-Bauweise eingeführt, die den Leiterstuhl am Heck hat. Seagrave präsentierte 1963 die erste Drehleiter dieses Typs. Es gab zwar schon voher Rear Mounted oder Rearmount Aerials, diese seltenen wurden aber alle von Magirus und Geesink gebaut und importiert. Auch heute werden die Sattelschlepper-Drehleitern noch gerne gekauft, da sie durch ihre gelenkte Hinterachse am Auflieger sehr manövrierfähig sind. Midship Mounted Aerials werden dagegen heute nur noch selten geordert. In den siebziger Jahren kamen zu den üblichen Leitern noch die Tower-Ladders hinzu, die zusätzlich noch mit einem festmontierten Korb an der Leiterspitze ausgestattet wurden. Besonders bei kleineren und mittelgroßen Feuerwehren sind viele Drehleitern auch mit Pumpe, Wassertank und Schläuchen ausgestattet. Diese Fahrzeuge werden im allgemeinen als Quintuples oder kurz Quint bezeichnet, fahren aber größtenteils unter der Bezeichnung Engine oder Ladder, meist abhängig von der Höhe der Leiter. Die Leiterlängen variieren zwischen 50 und 135 Fuß (15-41 Metern), meistens werden aber wie auch in Europa 100 Fuß (30 Meter) Leitern verwendet. Bezeichnet werden Drehleitern neben Aerials auch als Aerial Ladders oder Aerial Trucks.

1958 kam eine weitere Variante zu den Hubrettungsfahrzeugen hinzu, der Snorkel. Den ersten Gelenkmast stellte das Chicago Fire Department in jenem Jahr in Dienst, in den darauffolgenden Jahren folgten weitere. Die ersten Snorkel waren noch einfache zweiteilige Masten mit Korb, erst später kamen auch Teleskopmasten und kombinierte Teleskop-Gelenkmasten hinzu. Heute beschaffen nur noch wenige Feuerwehren reine Snorkel. Sie wurden fast vollständig von den Tower-Ladders verdrängt. Der größte Anbieter war die Firma Pitman (später Snorkel), die neben dem reinen Snorkel auch den Squrt und Telesqurt auf dem Markt hat. Ein besonders erfolgreiches Modell präsentierte Mack 1964. Der Aerialscope, der von Baker gebaut wurde, war ein reiner Teleskopmast, aufgebaut auf einem Mack C, später Mack CF Chassis. Er wird heute von FWD/Seagrave vertrieben. In den letzten 10 Jahren kam auch die finnische Firma Bronto auf den amerikanischen Markt. Anfangs übernahm Pierce den Vertrieb. Heute gehört Bronto zum Federal Signal Konzern, zu dem auch E-One gehört und folglich übernahm diese Firma seitdem auch den Verkauf.

Louisville FD, Kentucky
Aerial 1 – Seagrave JB 100 ft – Baujahr 1995

Seagrave begann bereits vor über 100 Jahren mit dem Bau von Drehleitern. Heute fahren immer noch viele Feuerwehren mit diesen zuverlässigen Drehleitern, so auch das Louisville FD, das in den letzten Jahren ausschließlich Drehleitern und Pumper von Seagrave beschaffte. Diese 100 Fuß Sattelschlepper-Drehleiter ist eine von insgesamt 4 Seagrave Tillered Aerials der Wehr.

More than 100 years ago Seagrave started with building aerial ladders. Even today many fire departments operate these reliable vehicles. Louisville FD for example has ordered only Seagrave aerials and pumpers for the last years. This 100 ft tractor-drawn aerial is one of four Seagrave tillered aerials in this city.

Anne Arundel County FD, Brooklyn Park Fire Station, Maryland
Truck 31 – Mack CF/Maxim/American Eagle 100 ft
Baujahr 1976 Umbau 1989

Da Mack keine eigenen Leitern baute, war man auf Fremdfabrikate angewiesen. Meistens wurden hierbei Leitern von Maxim verwendet. Diese Leiter wurde 1989 von American Eagle generalüberholt.

Mack never built own aerial ladders. Thus the company used ladders made by other manufacturers, mainly those made by Maxim. American Eagle refurbished this aerial ladder in 1989.

Baltimore County FD, Texas Fire Station, Maryland
Truck 17
American LaFrance Century 100 ft
Baujahr 1982

Dieser klassische Truck war zum Zeitpunkt der Aufnahme (1995) nur noch Reservefahrzeug.

In 1995 this classic aerial truck was only used as a spare vehicle.

Philadelphia FD, Pennsylvania
Ladder 31
American LaFrance Eagle/LTI 100 ft
Baujahr 1999

Im Jahre 1999 ist Philadelphia mit der Indienststellung von fünf dieser American LaFrance Leitern wieder vollständig zu Sattelschlepper-Drehleitern zurückgekehrt. Bereits ein Jahr zuvor stellte das FD sechs dieser ALF/LTI Tiller in Dienst.

With the commissioning of five of these American LaFrance Aerials in 1999 Philadelphia FD has returned to tractor-drawn aerials completely. One year before this FD took delivery of another six ALF/LTI 100´ units.

Arlington FD, Virginia
Spare-Ladder
Simon-Duplex/LTI 105 ft
Baujahr 1994/1992

Diese Leiter dient beim Arlington FD nahe Washington nur als Reservefahrzeug. Während die Zugmaschine 1994 gebaut wurde, ist der Auflieger bereits 1992 mit einer älteren Zugmaschine in Dienst gestellt worden. LTI ist heute einer der größten Hersteller von Drehleitern.

This ladder operated by Arlington FD near Washington is only a reserve vehicle. The tractor unit was built in 1994. The 1992 built trailer was in service with an older tractor unit before. LTI today is one of the largest manufacturers of aerial ladders.

Columbus FD, Ohio
Ladder 1
Simon Duplex Vanguard/LTI 110 ft
Baujahr 1994

Aufgrund von verschärften Gewichtsbeschränkungen der Achslasten bei LKWs wurden in den vergangenen Jahren eine ganze Reihe von Tractor-Drawn Aerials in dreiachsiger Ausführung gebaut. So auch diese Leiter des Columbus FD, das gleich zwei dieser Fahrzeuge im Dienst hat.

During recent years a number of tractor drawn aerials have been built on three-axle-chassis due to increased weight restrictions for trucks. This aerial ladder in service with Columbus FD is one of two units of this type.

William B.Hartsfield International Airport FD, Atlanta, Georgia
Ladder Yellow-16
Spartan Gladiator/LTI 110 ft
Baujahr 1991

Wie bei Pumpern bevorzugt das Atlanta FD auch bei Drehleitern Spartan-Fahrgestelle. Eine von zwei Leitern auf dem Flughafen ist dieser Tiller mit einer 110 Fuß Leiter von LTI. Identische Leitern, nur rot lackiert, verwendet das Atlanta FD in einigen Exemplaren in der Stadt.

Atlanta FD prefers Spartan chassis for pumpers and for aerial ladders. This tractor-drawn aerial with a LTI built 110 ft ladder ist one of two aerials in use with the Airport. Atlanta FD operates some -red coloured- aerials of the same type in the city, too.

Seattle FD, Washington
Reserve-Ladder 316
Kenworth/Curtis-Heiser/Maxim 100 ft
Baujahr 1969

Drehleitern auf handelsüblichen Fahrgestellen sind sehr selten, insbesondere Sattelschlepperleitern. Diese Leiter des Seattle FD war 1997 nur noch Reservefahrzeug und stand zur Ausmusterung an. Während die Leiter von Maxim stammte, wurde der Aufbau vom damaligen Stammlieferanten Seattles, Curtis-Heiser, geliefert.

Ladders on commercial chassis are very hard to be found, in particular tillered aerials. In 1997 this ladder of Seattle FD was only used as a reserve vehicle and was supposed to be phased out at that time. Curtis-Heiser, Seattle FD´s then main supplier built the coachwork, Maxim supplied the ladder.

Bluefield FD, West Virginia
Ladder 1 – American LaFrance 700 100 ft – Baujahr 1951

Im Jahre 1999 befand sich diese Leiter bei der kleinen Berufsfeuerwehr Bluefield noch immer im Einsatz, stand allerdings zur Ausmusterung an. Es ist übrigens die einzige Drehleiter in der Stadt.

In 1999 Bluefield´s small professional fire department still operated this aerial which was the only ladder truck in service with this department then. At the time of the photograph it was supposed to be taken out of service shortly.

Beckley FD, West Virginia
Ladder 2 – International/Seagrave 75 ft – Baujahr 1963

Vereinzelt bauten die großen Drehleiterhersteller auch Leitern auf Fremdfabrikate auf. International bot einige Zeit dieses Feuerwehrfahrgestell mit der sogenannten Cincinnati-Kabine an.

Larger manufacturers haven´t very often built ladders on other than their own chassis. For some time International offered this chassis with the so-called Cincinnati-cab.

Rouss Fire Company
Winchester, Virginia
Truck 2 – Pirsch 100 ft
Baujahr 1969

Pirsch war ebenfalls ein renommierter Hersteller von Drehleitern. Neben Tillern und Rearmount Aerials wurden auch Midship Mounted Aerials wie diese gebaut. Der Nachteil dieser Leitern durch den großen Hecküberhang ist hier besonders deutlich zu sehen.

Pirsch was a well-known manufacturer of aerial ladders, too. Pirsch built tractor-drawn and rear mounted aerials as well as midship mounted aerials like this one. The pictures show the clearly visible disadvantage of this type of aerials - the enormous rear overhang.

Pacific County Fire District 1, Ocean Park Fire Station, Washington
Ladder 21-71 – Maxim F 100 ft
Baujahr 1968

Einer der größten Konkurrenten von Pirsch war Maxim. Diese Leiter wurde vom Pacific County FD gebraucht erworben. Manche Fire Departments kaufen auch heute noch Midship Mounted Aerials, da sie durch ihre niedrige Bauweise auch in ältere Wachen passen.

Maxim was one of Pirsch´s major competitors. Pacific County FD bought this ladder second hand. Some fire departments still prefer midship mounted aerials, which often are better to park in older fire stations due to reduced vehicle heights.

Fort Thomas FD, Kentucky
Ladder
Hendrickson/Howe/Grove 85 ft
Baujahr 1974
1000 gpm 300 W

Eine sehr seltene Kombination ist diese Drehleiter der Firma Grove, der Vorläuferin von LTI. Die Karosseriearbeiten wurden bei diesem Fahrzeug von Howe übernommen.

Grove, the predecessor of LTI, built this very unique combination. The coachwork of this rig was built by Howe.

Atlanta FD, Georgia
Ladder 31
Spartan Gladiator/LTI 90 ft
Baujahr 1992

Heute werden Midship Mounted Aerials nur noch relativ selten beschafft. Eine der Ausnahmen bildet hier das Atlanta FD, das zwei dieser Fahrzeuge im Dienst hat.

Today fire departments tend to order midship mounted aerials only occasionally. With two of these aerials Atlanta FD is one of the exceptions.

Lebanon FD, Pennsylvania
Ladder – Segrave S 100 ft
Baujahr 1980

Diese Drehleiter des Lebanon FD stand bis Anfang der neunziger Jahre beim New York City Fire Department im Dienst. Gebrauchte Fahrzeuge dieser Feuerwehr sind bei kleineren freiwilligen Feuerwehren relativ beliebt, da sie günstig zu bekommen sind. Da Ladder-Companies in New York zeitweise mit einer vergrößerten Mannschaft fuhren, war es nötig, mehr Sitzplätze zu schaffen. Das wurde mit einer kleinen Box im Aufbau erreicht, die bald den Spitznamen "Telefonzelle" bekam.

This aerial of Lebanon FD was in service with New York City Fire Department (FDNY) until the early nineties. Second hand apparatus from FDNY are very popular with smaller volunteer fire departments because of reasonable prices. FDNY´s ladder companies for some time had larger crews. Therefore it was necessary to increase the number of seats. This was achieved with a small box in the body which was became popular as "telephone booth".

New York City Fire Department, New York – Ladder 132
Seagrave TB 100 ft
Baujahr 1994

29 Leitern dieses Typs hat das FDNY in Dienst. Insgesamt unterhält das FDNY 143 Drehleitern (Ladder Companies) plus Reservefahrzeuge. Ladder 132 ist in Brooklyn stationiert und befindet sich dort, wie auf der Leiter treffend dargestellt, "im Auge des Sturms".

FDNY is operating 29 ladders of this type. There is a total of 143 aerial trucks (ladder companies) and additionally a number of reserve vehicles in service with FDNY. Ladder 132 is based at Brooklyn and covers an area which can be called -as written on the vehicle- "In the Eye of the Storm".

America Fire Company Bristol, Pennsylvania
Ladder 25
Hahn/Smeal 75 ft
Baujahr 1985

Diese Drehleiter des Bristol FD wurde ursprünglich mit einer Fire Spire Leiter von Hahn ausgeliefert. Da man aber mit diesem Leiterpaket nicht zufrieden war, wurde dieses gegen eines der Firma Smeal ausgetauscht.

This aerial of Bristol FD was originally delivered with a Hahn Fire Spire ladder. However the FD was not pleased with that ladder and therefore the vehicle was converted and fitted with a Smeal aerial.

Pittsburgh FD, Pennsylvania
Engine 27
American LaFrance Century 2000 75 ft
Baujahr 1992
1000 gpm 500 W

Als Engine Company läuft dieser Quint beim Pittsburgh FD. Insgesamt beschaffte das FD vier dieser Fahrzeuge. Ein großer Nachteil dieser Quints ist, daß die Drehleiter erst geschwenkt werden kann wenn die Halterung für die Schiebleitern nach unten geklappt wurde.

Pittsburgh FD runs this quintuple (quint) as engine company.
This fire department ordered four of these quints which have one disadvantage - the ladder can only be turned after the mounts for the ground ladders have been turned towards the ground.

Valley Hill FD, Hendersonville, North Carolina – Ladder 1
American LaFrance Eagle/R.D. Murray/Aerial Innovations 75 ft
Baujahr 1999
1750 GPM 500 W

Das Valley Hill FD ist vollkommen auf ALF eingeschworen. Mit dieser Drehleiter stellte das FD bereits den dritten ALF Eagle in Dienst. Auch vorher wurden bis auf wenige Ausnahmen Fahrzeuge von American LaFrance angeschafft. Die neue Drehleiter ist mit einigen technischen Finessen wie z.B. Hinterachslenkung ausgestattet. Selbstverständlich fehlt auch die klassische American LaFrance-Glocke auf der Stoßstange nicht. Da Aerial Innovations nur Leitersätze baut, wurde die Karosserie von R.D.Murray erstellt. Lackiert ist das Fahrzeug im etwas dunkleren "American LaFrance rot".

Valley Hill FD, a loyal customer of American LaFrance vehicles, took with this Aerial their third Eagle in service. Except only a few apparatus Valley Hill FD has been buying ALF-vehicles. The new aerial is equipped with some technical extras like rear-axle-steering etc. Also the classic American La France bell is not missing. Aerial Innovations (AI) built the ladder, the coachwork wa made by R.D. Murray. The truck is painted in the little darker "American LaFrance red".

Chattanooga FD, Tennessee
Quint 6 – American LaFrance Eagle/Central States/RK 75 ft
Baujahr 1999
1500 gpm 500 W 10 S

Seinen ersten Quint stellte das Chattanooga FD 1999 in Dienst. Das Fahrzeug kann sowohl als Engine wie auch als Ladder eingesetzt werden. Der Quint ist mit Class A-Schaummittel und einer festen Steigleitung unter der Leiter ausgestattet. Die Firma RK produziert erst seit wenigen Jahren Drehleitern.

Chattanooga FD commissioned the first quint to the fleet in 1999. This vehicle can be used as pumper and as aerial. The quint is equipped with Class A-foam and a waterway under the ladder. RK have been producing aerial ladders only for a few years.

Pocatello FD, Idaho
Engine 1
Pierce Arrow 55 ft
Baujahr 1990
1500 gpm 500 W

Für den Autor eines der schönsten US-Fahrzeuge überhaupt ist der Quint des Pocatello FD. Es wurde zum Staatsjubiläum des Bundesstaates Idaho, das im selben Jahr wie das Baujahr des Fahrzeugs war, in den Farben des Staates lackiert. Beachtenswert auch das Kennzeichen.

To the author one of the most impressive US-fire engines is this quintuple in service with Pocatello FD. It was painted in the colours of the State of Idaho on the occasion of the state´s anniversary in 1990, the same year the vehicle was built. Remarkable also the vehicle´s license plate.

Pittsburgh FD, Pennsylvania
Truck 6/ Truck 30
Pierce Dash 105 ft
Baujahr 1987

Insgesamt 7 dieser kompakten Drehleitern bekam das Pittsburgh FD 1987. Bei den Bildern handelt sich übrigens um dasselbe Fahrzeug. Es hat nur zwischenzeitlich die Wache gewechselt.

7 of this compact aerials were taken into service with Pittsburgh FD in 1987. The photographs show the same truck which only had changed the company meanwhile.

Richmond FD, Virginia
Quint 10
Pierce Dash 105 ft
Baujahr 1997
2000 gpm 250 W

1997/98 stellte das Richmond FD seinen gesamten Fahrzeugpark auf Quints um. Neben 105-Fuß Modellen gibt es auch 75-Fuß Fahrzeuge und einen Tower. Alle Fahrzeuge wurden von Pierce geliefert.

In 1998 Richmond FD changed the whole fleet to quints. Now there are vehicles with 105 ft and 75 ft aerials and additionally one tower in use. Pierce delivered all these vehicles.

Union Township FD, Withamsville, Ohio
Ladder
Pierce Quantum 105 ft
Baujahr 1997
1750 gpm 750 W 40 S

Besonders wuchtig wirkende Fahrzeuge sind die Leitern auf dem neuen Quantum Chassis. Diese Drehleiter ist unter anderem mit Schaummitteltank, Allradlenkung und Einzelbereifung hinten ausgestattet.

Aerials on the new Quantum chassis seem to be very impressive. This aerial is equipped with a foam tank, all-wheel-steering and single wheels on the rear axles.

District of Columbia FD
Truck 3
Emergency One Hurricane 110 ft
Baujahr 1987

Eine sehr ungewöhnliche, halboffene Kabinenkonstruktion bevorzugte das FD der amerikanischen Bundeshauptstadt Washington für einige Jahre. Ansonsten entspricht das Fahrzeug dem Standardmodell von E-One.

District of Columbia FD has preferred a very unusual half open cab construction for a few years. Except the cabin construction this truck is the standard E-One aerial model.

Green Brook FD, New Jersey
Quint 16
Emergency One Cyclone 75 ft
Baujahr 1996
1750 gpm 500 W

In grasgrün ist dieser Quint des Green Brook FD lackiert, passend zum Namen der Stadt.

Green Brook FD´s quint is painted in a grass-green colour, matching the name of the town.

Grant County FD, Washington
Ladder
Crown Firecoach/Telesqurt 75 ft
Baujahr 1974

Eigentlich ist dieser Crown Firecoach aus dem östlichen Washington kein vollwertiges Drehleiterfahrzeug. Der Telesqurt ist eigentlich nur ein Löschmast mit Behelfsleiter. Er wird aber trotzdem als Drehleiter eingesetzt, da es in der Umgebung ohnehin keine Häuser gibt die höher als zwei Stockwerke sind. Trotz des Löschmastes besitzt das Fahrzeug ungewöhnlicherweise keine Pumpe.

This eastern Washington´s Crown Firecoach basically is not an aerial ladder as the Telesqurt is only a telescopic firefighting mast with a fixed escape-ladder. Nevertheless it is used as an aerial as there aren't any buildings higher than two floors in the area covered. Remarkably the vehicle is not equipped with a pump despite the telescopic mast.

Pittsburgh FD, Pennsylvania
Truck 5
Duplex/Thibault 100 ft
Baujahr 1985

Auch der kanadische Hersteller Pierre Thibault konnte einige Leitern in den USA verkaufen. Diese Leiter wurde auf Duplex-Chassis mit Cincinnati-Cab aufgebaut und in der damals für Pittsburgh üblichen Farbgebung lackiert.

Canadian manufacturer Pierre Thibault sold a few few aerials to the USA, too. This ladder was fitted on a Duplex chassis with Cincinnati cab and painted in the then Pittsburgh´s standard colours.

Charlotte FD, North Carolina
Ladder 2
Spartan Gladiator/Quality/Aerial Innovations 100 ft
Baujahr 1998
2000 gpm 200 W

Aerial Innovations (AI) begann erst vor wenigen Jahren mit dem Bau von Drehleitern, konnte sich aber mit seinen zuverlässigen Leitern einen guten Platz auf dem Markt sichern.

Aerial Innovations have begun with the production of aerials only a few years ago. Due to their reliable ladders they were able to place themselves in a good position on the market.

Lexington FD, Kentucky
Ladder 5
Spartan Gladiator/Smeal 75 ft
Baujahr 1995

Im Gegensatz zu AI baut Smeal auch komplette Fahrzeuge inklusiv Aufbau. In der Vergangenheit baute Smeal seine Leitern exklusiv für Pierce.

Smeal -contrary to AI- also offers complete fire-apparatus including coachwork. Smeal built aerials exclusively for Pierce in the past.

Portsmouth FD, New Hampshire
Engine 2
International Navistar 4900/Central States/RK
50 ft
Baujahr 1994
1250 gpm 500 W 65 S

In den letzten Jahren wurden bei vielen Feuerwehren verstärkt Drehleitern auf Standardfahrgestellen beschafft. Gleich zwei dieser Fahrzeuge hat das Portsmouth FD im Dienst. Die Fahrzeuge werden als Engine Companies eingesetzt, da es noch eine größere 100-Fuß Leiter im Fahrzeugpark gibt.

Many fire departments have ordered aerials on commercial chassis the last couples of years. Two of these ladders are on the roster of Portsmouth FD. They are listed as engine companies as there is another 100 ft aerial in service, too.

Cobb County FD, Georgia
Ladder 1
Freightliner FL 106/Smeal 75 ft
Baujahr 1995
1500 gpm 500 W

Die erste Drehleiter auf einem Freightliner wurde 1995 an das Cobb County FD, einer Berufsfeuerwehr im Großraum Atlanta, geliefert. Das Fahrzeug ist mit einem Onan 7,5 KW Generator, zwei 1000 W Scheinwerfern und einer festen Steigleitung mit Monitor ausgestattet.

The first aerial on a Freightliner-chassis was delivered in 1995 to Cobb County FD, a professional fire department in the Atlanta region. The vehicle is equipped with a Onan 7,5 KW generator, two 1000 W floodlights and a fixed waterway.

White Plains FD, New York
Ladder 1
Ford LN 9000/Smeal 105 ft
Baujahr 1994

Ein besonders beeindruckendes Fahrzeug ist diese Leiter der Feuerwehr des nördlich von New York City gelegen White Plains. In den letzten Jahren beschaffte diese Feuerwehr ausschließlich Leitern und Pumper auf den großen Ford L-Haubern.

This aerial of White Plains Fire Dept. -a town up to the North of New York City- is a very impressive vehicle. In the last years this FD bought its aerials and pumpers only on the large Ford L conventional chassis.

Landisville Volunteer Fire Company Buena, New Jersey
Ladder 1109
Jeep/Powers 31 ft
Baujahr 1968

Lediglich eine Behelfsleiter ist diese Drehleiter der Landisville Volunteer Fire Company im Süden New Jerseys. Solche Drehleitern dienen normalerweise nur als Montageleitern und nicht als Feuerwehrfahrzeuge. Dieses Fahrzeug wird von der Landisville VFC meistens als Löschmast verwendet.

This aerial in service with Landisville Volunteer Fire Company in southern New Jersey is only a provisional ladder. These types normally are used as installation vehicles and not as purpose built aerial trucks. Landisville VFC operates this vehicle mainly as water tower.

Military Ocean Terminal FD Bayonne, New Jersey
Truck 1
Pierce Arrow 100 ft
Baujahr 1995
2000 gpm 350 W 50 S

Zur US Army gehörte das Military Ocean Terminal in Bayonne. Seit einigen Jahren haben die einzelnen Armee-Einheiten die Möglichkeit einzelne Fahrzeuge auch selbst zu beschaffen. Dieser Tower ist mit zwei Monitoren, Atemluft- und Stromanschlüssen im Korb ausgestattet.

The Military Ocean Terminal in Bayonne was a US-Army installation. Since a few years the different US-Army units and installations have got permission to purchase fire engines by themselves. A platform equipped with two monitors, breathing-air- and electrical power-supplies is fitted to this aerial tower.

Allegheny County International Airport FD, Pennsylvania
Tower 19 – KME 102 ft
Baujahr 1994
2000 gpm 500 W

Anfang der neunziger Jahre übernahm KME die Leiterproduktion von Grumman. Wie auch schon Grumman zuvor haben die Drehleitern von KME den Markennamen "Aerialcat".

In the beginning nineties KME took over the production of aerials from Grumman. Like Grumman before KME also uses the brand "Aerialcat" for the aerials.

Fire Department of the City of New York, New York
Ladder 14
American LaFrance Century/LTI 100 ft
Baujahr 1984
1500 gpm

Zwei dieser Leitern standen bis Mitte der neunziger Jahre beim FDNY im Dienst. Zusammen mit ihren Vorgängern, zwei Sutphen Towern, waren dies die einzigen New Yorker Hubrettungsgeräte die mit Pumpen ausgestattet waren.

Two of these ladders were in service with FDNY until the mid-nineties. Together with their predecessors, two Sutphen towers, these were the only aerials equipped with pumps commissioned by the Fire Department of the City of New York.

Baltimore County FD, Maryland
Tower 17
LTI Olympian 100 ft
Baujahr 1990

Als eine der größten Drehleiterhersteller bietet LTI natürlich auch Tower an. Dieses Fahrzeug wurde 1990 an das Baltimore County FD geliefert. Der Olympian war ein Custom-Chassis, das einige Zeit lang von LTI angeboten wurde.

Being one of the largest manufactures of aerials LTI of course offers aerial towers as well. Baltimore County FD received this apliance in 1990. The Olympian was a custom chassis offered by LTI for some time.

Wheeling FD, West Virginia
Ladder 1
Sutphen 100 ft
Baujahr 1983
1250 gpm

Sutphen war der erste Hersteller der 1963 einen Tower auf den Markt brachte. Bis heute wird der Mast fast unverändert gebaut. Meistens sind diese Fahrzeuge auch mit Pumpe ausgestattet.

1963 Sutphen -as the first manufacturer- made a tower available to the market. This type of tower is being built almost unchanged until today. Most of these apparatus are also equipped with pumps.

Boise FD, Idaho
Ladder 1 – Sutphen 65 ft
Baujahr 1988 – 1500 gpm 500 W

Später entwickelte Sutphen diesen Mini-Tower, der mit 65 und 75 Fuß Steighöhe erhältlich ist. Der Leitersatz konnte inzwischen auch begehbar, wie bei diesem Fahrzeug, ausgeführt werden. Heute baut Sutphen auch heckseitig ablegbare Leitern ohne Korb (Midship Mounted) und Sattelschlepper-Drehleitern.

Later Sutphen constructed mini towers with lengths of 65 ft and 75 ft. Sutphen then was able to offer these towers with a walkway as to be seen on this model, too. Today Sutphen also builds midship mounted aerials without platforms and tractor-drawn aerials.

Indian Head Vol.FD, Maryland
Tower 9
E-One Hush 95 ft
Baujahr 1994

E-One ist heute der Marktführer in den USA, was vor allem auf den Preis und schnelle Lieferzeiten zurückzuführen ist. Dieser Tower der kleinen freiwilligen Feuerwehr Indian Head ist ausnahmsweise nicht mit einer Pumpe ausgestattet.

E-One is market-leader in the USA today due to a reasonable price policy price and fast deliveries. Remarkably this tower in service with Indian Head Volunteer FD is not equipped with a pump.

William B.Hartsfield International Airport FD Atlanta, Georgia
Ladder Yellow-7
Spartan Gladiator/Grumman 92 ft
Baujahr 1990

Ein sehr seltenes Fahrzeug ist dieser Midship Mounted Tower des Atlanta Airport Fire Departments. Die Grumman Tower waren sehr massiv gebaute Leitern.

A very rare apparatus is this mid mount tower of Atlanta Airport FD. Grumman built very massive ladders.

Butte FD, Montana
Tower 7
Mack C/Baker 75 ft
Baujahr 1967

Mit einem völlig neuen Teleskopmast-Konzept erschien Mack 1964. Der 75-Fuß Teleskopmast wurde von Baker gebaut. Die ersten Fahrzeuge dieses Typs wurden an das FDNY geliefert, das bis heute diesen Fahrzeugen treu geblieben ist. Anfangs wurden die Fahrzeuge auf das Mack C-Chassis, später dann auf das CF-Fahrgestell aufgebaut.

1964 Mack surprised with a total new concept of a telescopic tower named "Aerialscope" to which Baker supplied the towers. FDNY ordered the first apparatus of this type and has been loyal to this type until today. The first tower aerials were built on Mack C-, later batches were fitted to Mack CF-chassis.

Fire Department of the City of New York, New York
Ladder 121
Mack CF/Saulsbury/Baker Aerialscope 95 ft
Baujahr 1991

Die letzten auf einem Mack CF Fahrgestell gebauten "Aerialscope" erhielt das FDNY 1991. Zu dieser Serie mit Saulsbury-Karosserie gehört auch Ladder 121 in Queens. Die ersten neu entwickelten Baker-Tower mit 95 Fuß Steighöhe wurden ebenfalls vom FDNY im Jahre 1985 in Dienst gestellt.

In 1991 FDNY commissioned the last "Aerialscopes" on Mack CF-chassis. Queen´s Ladder 121 is one of this batch fitted with Saulsbury-coachwork. In 1985 FDNY also received the first 95 ft towers delivered.

Riverdale FD, Maryland
Tower 7
FWD/Baker Aerialscope 95 ft
Baujahr 1993

Besonders attraktiv ist dieser schwere 95-Fuß Tower des Riverdale FD im Großraum von Washington DC. Da Baker inzwischen, genau wie Seagrave, zu FWD gehört, wurden ab Anfang der neunziger Jahre viele der Masten auf FWD-Fahrgestelle mit Seagrave-Kabinen aufgebaut.

Riverdale FD, situated in Greater Washington (DC) area, operates this interesting 95 ft tower. Baker, as well as Seagrave, have become parts of FWD meanwhile. Therefore many telescopic masts have been built on FWD-chassis fitted with Seagrave cabs since the early nineties.

Edmonds FD, Washington – Snorkel
Crown Firecoach/Snorkel 65 ft – Baujahr 1969

Wie viele Hersteller verwendete auch Crown die Gelenkmasten der Firma Snorkel Fire Equipment Company. "Snorkel" wurde bald zum Oberbegriff für alle Gelenkmastbühnen. Die Firma Snorkel war der Marktführer auf dem Gebiet der Gelenkmasten. Gegen Ende der siebziger Jahre wurden die Gelenkmasten jedoch immer mehr durch die Tower Ladder verdrängt.

Like many other manufacturers Crown also used Snorkel Fire Equipment Company´s elevating platforms. "Snorkel" soon became a common term for all types of elevating platforms. The company was market-leader for this type of platforms until the late seventies, when "Snorkels" were more and more replaced by aerial towers.

Newport FD, Oregon
Snorkel 2
American LaFrance Century/Snorkel 85 Ft
Baujahr 1978
1500 gpm 100 W

Nachdem ALF mit seinem eigenen Gelenkmast keinen großen Erfolg erreichen konnte, griff man auch hier sehr schnell auf den bewährten Snorkel zurück. Dieses Fahrzeug ist zusätzlich mit Pumpe und einem kleinen Wassertank ausgestattet.

Since ALF´s own elevating platform didn't prove to be successful on the market, the company quickly reacted and started to use the well-proven "Snorkel". This truck additionally is equipped with a pump and a small tank.

Bradley-Prosperity Vol. FD, West Virginia
Snorkel 1
Ford LN 9000/Grumman/Snorkel 55 Ft
Baujahr 1989
1000 gpm 1250 W

Snorkel auf Commercial Hauben-Fahrgestellen sind sehr unüblich. Dieses Fahrzeug aus dem südlichen West Virginia ist eine Mischung aus Pumper, Tanker und Gelenkmast. Wie das Fahrzeug finanziert wurde ist deutlich auf dem Mast zu lesen.

Snorkels on commercial-chassis are very rare. This vehicle from the southern part of West Virginia is a mixture of pumper, tanker and elevating platform. Clearly visible is the way the vehicle was purchased.

Winchester FD, Tennessee
Snorkel 5
Maxim F/Pierce/Snorkel 75 ft
Baujahr 1965
1000 gpm 300 W

Mit dem Bau von Karosserien für Snorkel unternahm Pierce seine ersten Aufträge für Feuerwehrfahrzeuge. Dieser Maxim steht immer noch im ersten Abmarsch der kleinen Feuerwehr von Winchester.

Pierce appeared on the fire apparatus market first with bodyworks for "Snorkels". Winchester FD, a small department in Tennessee still operates this Maxim as frontline vehicle.

Spring Lake FD, North Carolina
Snorkel 1
Mack/Young Crusader/Snorkel 85 ft
Baujahr 1968
1500 gpm

Auf ein Mack Chassis baute Young diesen Crusader auf. Der Crusader war ein in limitierter Stückzahl gebautes Fahrzeug, das als Pumper und Gelenkmast erhältlich war.

Young built this "Crusader" on a Mack-chassis. The "Crusader" was a vehicle built in limited number and was available either as pumper or elevating platform.

Cincinnati-Northern Kentucky International Airport FD, Kentucky
Tower 960
Pierce Lance/Bronto Skylift F 135 ft
Baujahr 1996
2000 gpm 300 W

Ende der achtziger Jahre konnte Bronto Skylift seine ersten Fahrzeuge auf dem amerikanischen Markt verkaufen. Der Vertrieb wurde dabei von Pierce übernommen. Dieses Fahrzeug ist mit einem durch einen Rolladen verschlossenen Pumpenbedienstand ausgestattet.

Bronto Skylift did not sell vehicles to the US-American market before the late eighties. Pierce then was the agent for Bronto in the USA. This vehicle is fitted with roller-shutters for the pump-panel.

Knoxville FD, Tennessee
Tower 1
E-One Hurricane/Bronto Skylift F 135 ft
Baujahr 1997

Nachdem Bronto Skylift vom Federal Signal Konzern übernommen wurde, zu dem auch E-One gehört, ging der Vertrieb der Masten an E-One über. Eines der ersten dieser Fahrzeuge bekam das Knoxville FD.

After Federal Signal, also owner of E-One, took over Bronto Skylift, E-One became distributor of the Bronto Skylifts. Knoxville FD received one of the first of these apparatus.

Rescues

Rüst- und Gerätewagen in den USA können grob in zwei Kategorien aufgeteilt werden, Rescue Trucks und sogenannte Heavy Rescues. Die kleinste Variante der Rescue Trucks sind oft auf Pick-Uup Fahrgestellen aufgebaut, die mit Standard-Handwerkeraufbauten versehen sind. Eine andere weitverbreitete Version sind handelsübliche Lieferwagen, die von den Fire Departments selbst ausgestattet werden.
Heavy Rescues gibt es in zwei Varianten, die sogenannten Walk-In-Rescue, bei denen das Aufbauinnere begehbar ist, und die Non-Walk-In-Rescues, die wie europäische Fahrzeuge nur von außen zugänglich sind. Die ursprünglichen Rescue-Units dienten bei größeren Feuerwehren der USA als reine Verstärkungseinheit. Später kam dann auch die technische Hilfeleistung dazu. Noch heute sind viele Rescue Companies in den großen Fire Departments die Eliteeinheiten, die nicht nur zu technischen Hilfeleistungen herangezogen werden, sondern auch bei Großeinsätzen die anderen Mannschaften verstärken und Rettungsaufgaben übernehmen. Viele Fire Departments kommen auch heute noch ganz ohne Rescue Companies aus, da hydraulisches Rettunggerät oft auf den Drehleitern mitgeführt wird. Philadelphia hat zum Beispiel nur eine Rescue Company, weiteres Rettungsgerät führen die Battalion Chiefs mit. Die größten Rescues sind im Nordosten der USA zu finden. Amerikanische Rescue Trucks sind übrigens bei weitem nicht mit so viel Material ausgestattet, wie zum Beispiel deutsche Rüstwagen.

Fire Department of the City of New York, New York
Rescue 2 – HME 1871/Saulsbury – Baujahr 1996

Fünf dieser riesigen Rüstwagen stellte das FDNY 1996 in Dienst und rüstete damit zum ersten Mal alle Rescue Companies auf einmal mit neuen Fahrzeugen aus. Auf dem Fahrerhausdach des Rescues sind eine Klimaanlage und ein umklappbarer Lichtmast untergebracht. Der Aufbau ist, wie auch schon bei den alten Fahrzeugen, begehbar ausgeführt.

FDNY commissioned five of these huge rescue trucks in 1996. It was the first time that FDNY´s rescue companies were equipped with new vehicles at the same time. On the cabroof of these trucks an air-conditioning and a foldable lighting tower are mounted. Similar to their predecessors the coachworks are designed as walk-in types.

Cobb County FD, Georgia – Rescue 2
Freightliner FL 70/Hackney&Sons – Baujahr 1998

Mittelgroß ist dieser Rescue Truck aus einem Vorort Atlantas. Er wurde von Hackney&Sons aufgebaut, einem Hersteller, der in der Regel Getränkefahrzeuge baut. Seit den achtziger Jahren werden diese für diesen Zweck etwas modifizierten Aufbauten auch für Rescue Trucks angeboten. Dieser Rescue rückt auch zu medizinischen Notfällen aus.

This rescue truck in service with an Atlanta suburb is a medium sized example. The coachwork was built by Hackney&Sons, a manufacturer who usually builds beverage delivery trucks. Since the eighties the company also offers purposely modified coachworks for rescue trucks.

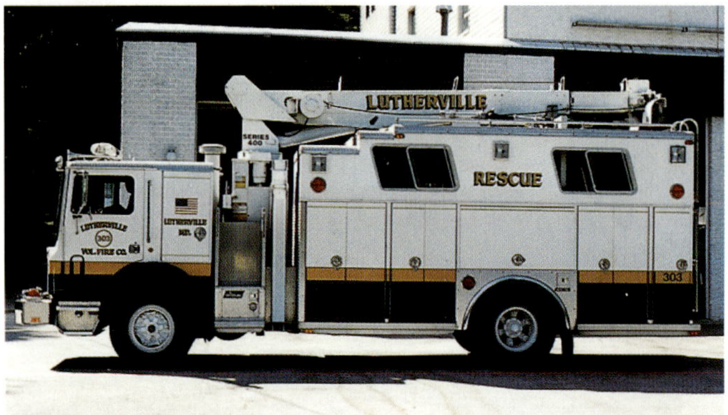

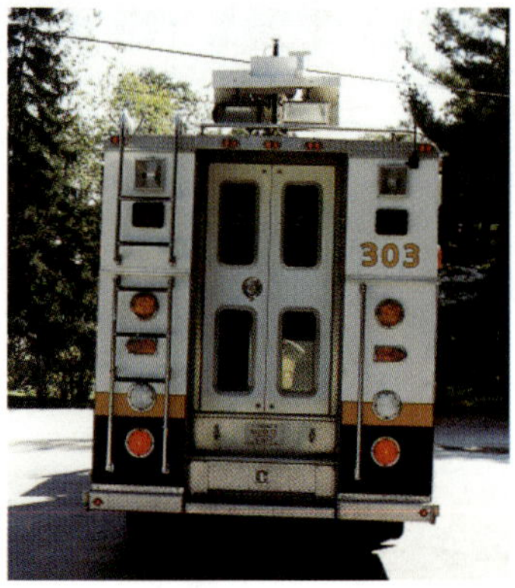

Lutherville Vol. Fire Company, Maryland
Rescue 303
Mack MC/Saulsbury/National Crane
Baujahr 1986

Rescues mit Kran sind in den USA sehr selten. Eines dieser Fahrzeuge besitzt das Lutherville FD. Der Aufbauhersteller Saulsbury hat sich zwar auf Rescue Trucks spezialisiert, baut aber auch alle anderen Fahrzeugtypen auf.

Rescues with crane are hardly to be found in the USA. Lutherville FD is owner of one of these vehicles. Saulsbury, the manufacturer of the bodywork has been specializing in building rescue trucks but also is able to build coachworks for all other types of fire-fighting vehicles.

Hazle Township FD, Pennsylvania
Rescue 101
Mack R/Pierce
Baujahr 1979

Dieser Heavy Rescue stand bis Anfang der neunziger Jahre beim FDNY im Dienst bevor er vom Hazle Township FD erworben und in lime-green umlackiert wurde.

This Heavy Rescue was in service with FDNY until the beginning nineties before it was bought by Hazle Township FD and re-painted lime-green.

District of Columbia FD
Rescue Squad 3
Ford LN 9000/Emergency-One
Baujahr 1982

Insgesamt drei dieser Ford Rescues besaß das DCFD. Nachdem das DCFD in den achtziger und frühen neunziger Jahren, wie bei diesem Fahrzeug, die Farbgebung seiner Fahrzeuge an die Flagge der amerikanischen Bundeshauptstadt angepaßt hatte, ist man heute wieder zu einer üblicheren roten Lackierung mit weiß abgesetztem Dach übergegangen.

DCFD altogether had three of these Ford rescue trucks in service. As to be seen on this vehicle, DCFD had painted the vehicles according to the colours of the Capital´s flag in the eighties and beginning nineties. Today the department prefers a more standardized white over red painting scheme.

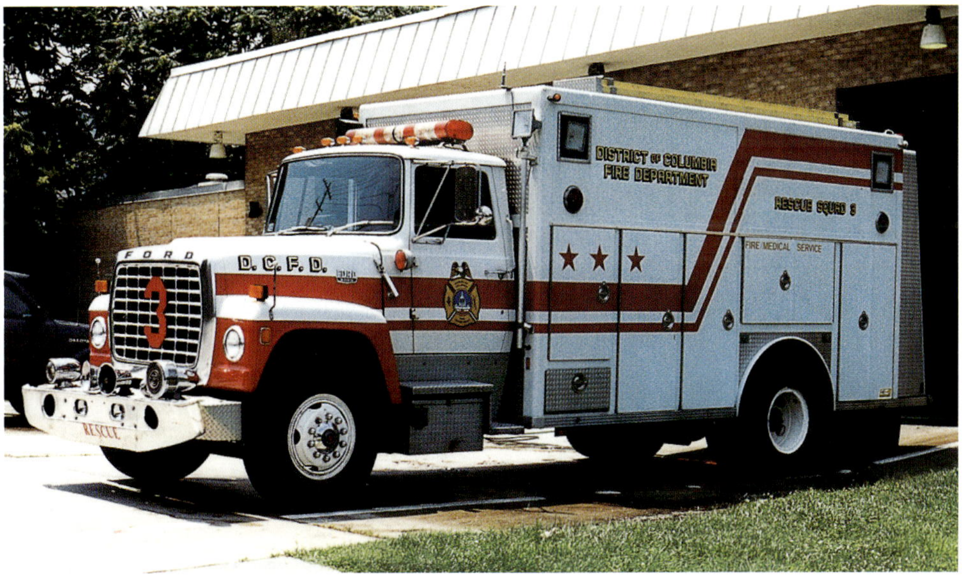

Middleburg Volunteer Fire-Rescue, Virginia
Rescue 3
Ford C 8000/Pierce
Baujahr 1990

1990 war das letzte Jahr in dem der Ford C gebaut wurde. Somit gehört dieses Fahrzeug aus dem nördlichen Virginia zu den letzten Rescue Trucks, die auf diesem beliebten Fahrgestell produziert wurden.

1990 was the last year the Ford C-model was been built. Consequently this vehicle from northern Virginia is one of the last rescues being built on this popular chassis.

Aberdeen FD, Maryland
Rescue 251
Spartan Gladiator/Saulsbury/JLG Crane
Baujahr 1993

Saulsbury baute 1993 diesen Rüstwagen für das Aberdeen FD, Maryland, einen der größten bisher gebauten Rescues. Wie auch das Fahrzeug aus Lutherville ist dieser Rescue mit einem Teleskopkran ausgestattet.

On of the largest rescues ever built in the USA was delivered by Saulsbury to Aberdeen FD in 1993. Like Lutherville´s rescue this vehicle is additionally equipped with a telescopic crane.

County of Fairfax FD, Station 11, Penn Daw, Virginia
Rescue 11
Emergency-One Hurricane
Baujahr 1990

Das Fairfax County FD ist seit Jahren loyaler Kunde bei E-One. So stammen auch alle neueren Rescues von diesem Hersteller. Das Fahrzeug aus Penn Daw war auch eines der ersten im County, das mit Rolläden ausgestattet wurde.

Fairfax County FD has been loyal client to E-One for years. Therefore this manufacturer delivered all the more modern rescues to the department. Penn Daw´s rescue truck also was one of the County´s first vehicles fitted with roller-shutters.

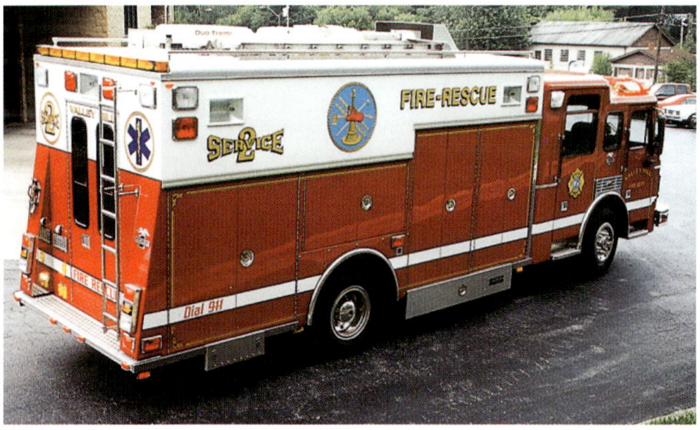

Valley Hill FD, North Carolina
Service 2
American LaFrance Eagle/Saulsbury
Baujahr 1997

Nachdem das Valley Hill FD auch schon den ersten Pumper auf dem American LaFrance Eagle-Fahrgestell bekommen hatte, stellte man hier auch den ersten Rescue auf diesem Chassis in Dienst. Das Fahrzeug ist mit Atemluftkompressor, Wetterstation, Laptop, sowie Tauch- und Gefahrgutausrüstung ausgestattet.

Since Valley Hill FD had received the first pumper on the new ALF Eagle-chassis, the first rescue on this new chassis also went to this department. The truck is equipped with breathing air compressor, weather station, Laptop, diving- and Hazmat- equipment.

Great Hill Hose Company, Seymour, Connecticut
Rescue 17
International S 1900/Reading
Baujahr 1989

Die Great Hill Hose Company ist eine von zwei Fire Companies in der Kleinstadt Seymour. Beide Companys verfügen je über ein gleich großes Rüstfahrzeug, obwohl sie nur wenige Kilometer voneinander entfernt sind.

Great Hill Hose Company is one of two fire companies in the small town of Seymour, Connecticut. Although being situated only a few kilometres apart each other both companies operate equally sized rescues .

Burke Volunteer Fire&Rescue, Virginia
Rescue 14
Pierce Quantum/Saulsbury/Pierce
Baujahr 1997/90

Dieser Rescue aus dem Fairfax County hat bereits ein bewegtes Leben hinter sich. Nachdem die ursprüngliche Kabine bei einem Brand in der Wache zerstört wurde, wurde der Aufbau von Pierce auf ein neues Quantum Chassis gesetzt und mit Rolläden ausgestattet.

Fairfax County´s rescue truck has got an interesting history. After the original cab was destroyed during a fire in the fire station the body was rebuilt on a new Quantum-chassis and fitted with rollershutters by Pierce.

The Port Authority of New York and New Jersey, La Guardia International Airport, New York City, New York
Rescue 49390
Volvo FE 4x4/PL Custom
Baujahr 1996

Drei dieser Rescues stellte die Port Authority 1996 in Dienst. Da der gesamte Brandschutz auf den New Yorker Flughäfen von der Port Authority Police mitbetreut wird, sind auch die Fahrzeuge entsprechend beschriftet.

Three of these Rescues were taken into service by the Port Authority in 1996. As the Port Authority Police is responsible for fire cover at New York´s three airports all appliances are marked "Police Emergency".

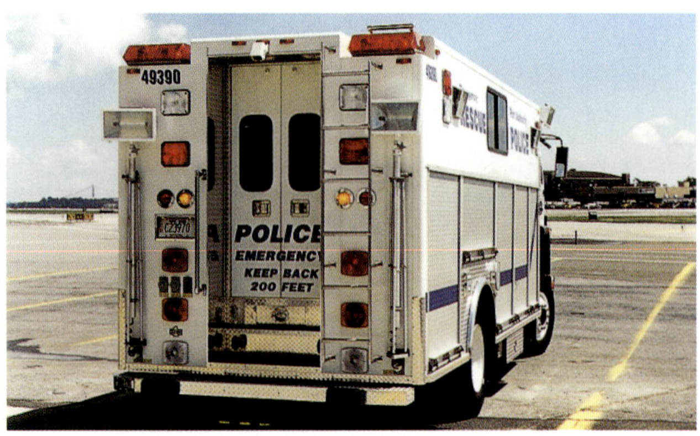

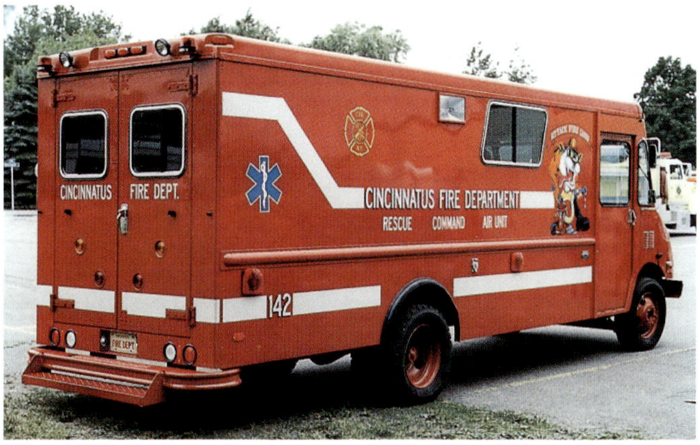

Cincinnatus FD, New York
Rescue
Chevrolet Step Van/Union City Body Works
Baujahr 1994

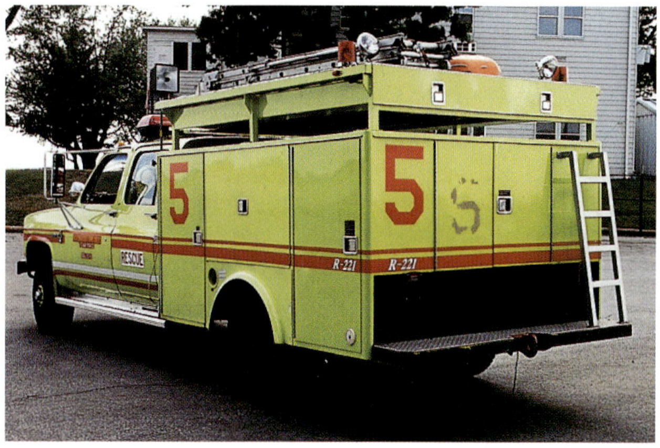

US Air Force Rickenbacker Air Force Base, Columbus, Ohio
Rescue 5
Chevrolet Custom de Luxe 30/Quality
Baujahr 1985

Spokane International Airport FD, Washington
Rescue 1
Ford F 350/Critzer
Baujahr 1993

Depot Bay FD, Oregon
Rescue
AM General Hummer
Baujahr 1995

Hazmat

Gefahrgutfahrzeuge, sogenannte Hazardous Materials Units, traten in den USA erst in den achtziger Jahren in Erscheinung. Heute verfügt nahezu jedes größere Fire Department über eine Hazmat- Ausstattung. Vom äußeren Erscheinungsbild sind die Hazmat Fahrzeuge den Rescues sehr ähnlich. Einen großen Marktanteil bei Hazmat Fahrzeugen haben einige Hersteller von Getränkeliefer-fahrzeugen, die mit ihren sehr geräumigen und leicht modifizierten Aufbauten schnell in diesen neuen Markt vorstießen.

Fairfax County FD Station 34 Oakton, Virginia
Hazmat 34
Emergency-One Hush
Baujahr 1992

Über dieses große Hazmat Fahrzeug verfügt das Fairfax County FD. Die geräumige Kabine dient gleichzeitig als Kommandozentrale. Zusätzlich zu diesem Fahrzeug besitzt das FD noch ein Hazmat Support-Fahrzeug auf International Navistar mit Hackney&Sons Aufbau.

This large Hazmat vehicle is in service with Fairfax County FD. The cab also serves as command post. Additionally the FD operates a Hazmat Support Unit on a International Navistar bodied by Hackney&Sons.

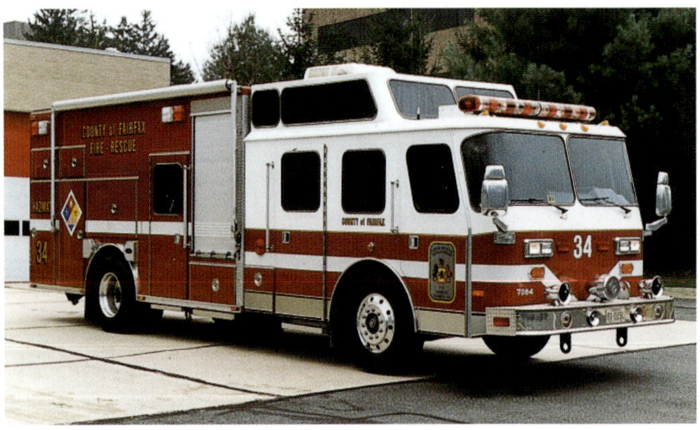

Bayonne FD, New Jersey
Hazmat-Command
Ford Cargo 8000/Marion
Baujahr 1990

Der Ford Cargo löste 1990 endgültig den Ford C ab, der ab diesem Zeitpunkt nicht mehr gebaut wurde. Marion ist seit langem bekannt für seine Rescue Trucks. Dieser Hazmat ist ein kombiniertes Gefahrgut-Einsatzleitfahrzeug.

The Ford Cargo replaced the Ford C-model in 1990 when the production of the C-mopdel ended. Marion is a well known manufacturer of rescue trucks. This Hazmat-unit is a combined Hazmat and command vehicle.

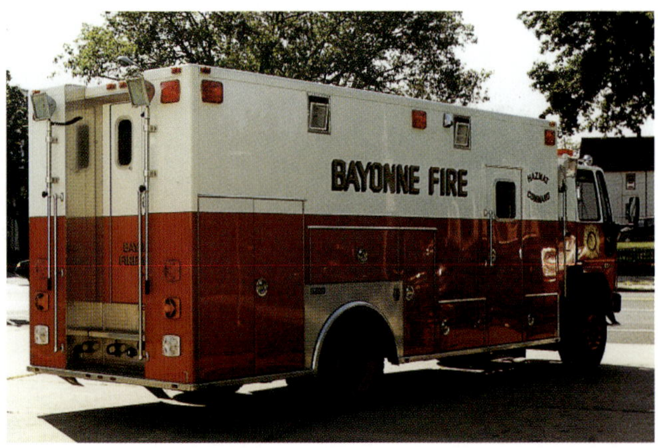

Fire Department of the City of New York, New York – Hazmat 1
Mack MC 688 FC/Saulsbury
Baujahr 1989

Dieses große Hazmat Fahrzeug stellte das FDNY 1989 in Dienst. Es wurde nach dem Vorbild der ebenfalls vom gleichen Hersteller gebauten damaligen Rescue Trucks gebaut. Im vorderen Bereich des Aufbaus ist eine Kommandozentrale mit umfangreicher Gefahrgutliteratur und PC untergebracht.

This large Hazmat-unit was taken into service by FDNY in 1989. It was built to the model of the rescue trucks built by the same manufacturer. In the front part of the body there is a command post installed equipped with a large selection Hazmat literature and a PC.

Fire Department of the City of New Yok, New York
Hazmat Support 1
International Navistar 4900/Saulsbury/Capma
Baujahr 1996

Zusätzlich zum oben gezeigten Fahrzeug besitzt die New Yorker Hazardous Material Company 1 noch dieses Fahrzeug, das mit zusätzlichem Material ausgestattet ist. Es ersetzte ein nahezu identisches Fahrzeug, welches allerdings keinen Kran hatte und etwas kürzer war.

In addition to the above pictured vehicle FDNY´s Hazmat Co. 1 operates this vehicle equipped with additional Hazmat-material. It replaced a almost similar vehicle which basically was a little shorter and was not fitted with a hydraulic crane.

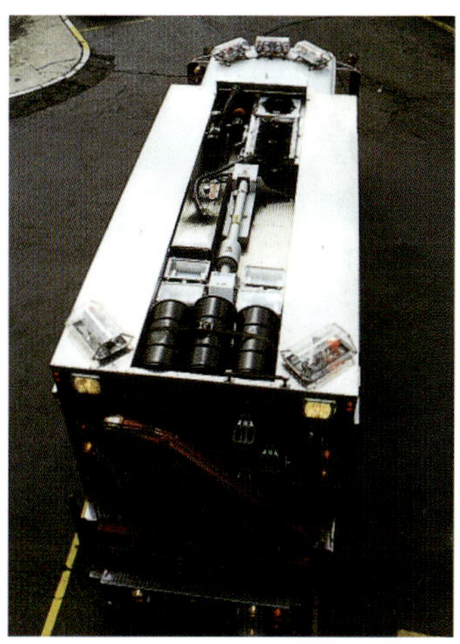

National Institute of Health FD, Bethesda, Maryland
Hazmat 51
International Navistar 4900/Hackney&Sons
Baujahr 1991

Die Werkfeuerwehr des Nationalen Gesundheitsinstituts in Bethesda besitzt dieses in seiner Bauart typische Hazmat Fahrzeug. Hackney & Sons baut in erster Linie Getränkefahrzeuge und hat erst in den achtziger Jahren angefangen, Fahrzeuge speziell für Feuerwehren anzubieten.

The National Health Institute in Bethesda owns this typical Hazmat vehicle. Hackney & Sons are mainly building beverage delivery trucks and only have begun to build vehicles especially for fire services in the 80s.

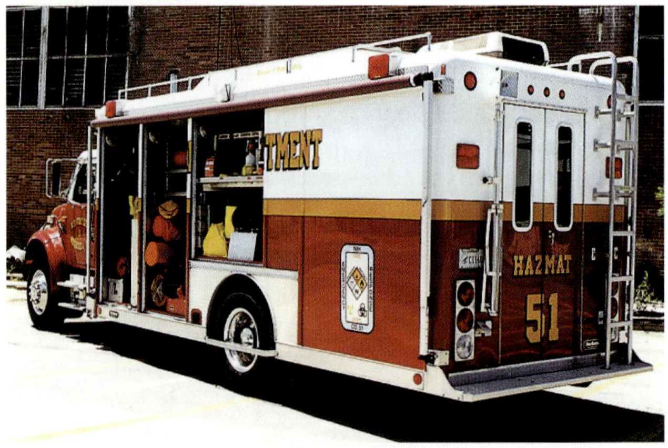

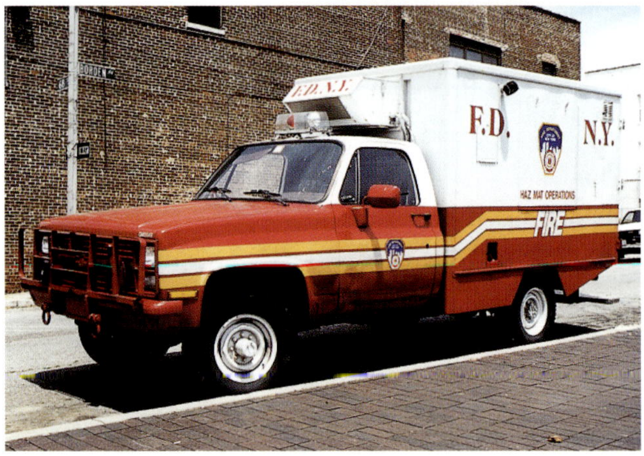

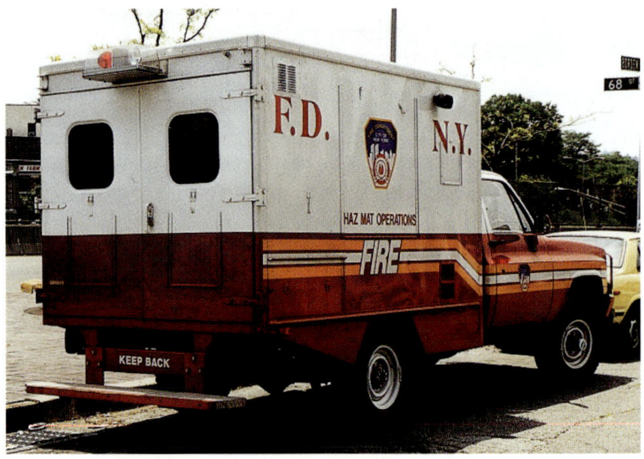

Bayway Refining Company FD, Linden, New Jersey
Hazmat/Command 2
GMC Top Kick/Emergency-One
Baujahr 1991

Fire Department of the City of New York, New York
Hazmat Support
Chevrolet 3500/Eigenumbau
Baujahr 1986 in Dienst 1997 ehemalige US Army Ambulance

Special Units

Zu den Sonderfahrzeugen zählen alle sonstigen Fahrzeuge, die für den Nachschub und die Versorgung an der Einsatzstelle oder spezielle Aufgaben bestimmt sind.
Die am häufigsten vorkommenden Fahrzeuge sind hier Schlauchwagen und Atemschutzfahrzeuge. Schlauchwagen (Hose Units) finden sich bei Fire Departments in Form ehemaliger Pumper, Eigenbauten und Sonderkonstruktionen der einschlägigen Hersteller. Atemschutzfahrzeuge (Air Units) sind oft mit einer Batterie großer Atemluftflaschen zum Befüllen von Preßluftatmern an der Einsatzstelle (Cascade Unit) oder einem Atemluftkompressor und sehr oft auch mit Beleuchtungsmaterial ausgestattet (Air&Light Units). Fire Departments größerer Städte haben oft eine große Anzahl verschiedener Sonderfahrzeuge. Hier gibt es Fahrzeuge für Einsätze in Hochhäusern (High Rise Units), Abschleppwagen (Wrecker), Tankwagen mit Treibstoff (Fuel Tanker), Rüst- und Gerätewagen für Einstürze von Gebäuden und ähnlichem (Collapse Rescues), Dekontaminationsfahrzeuge (Decontamination Units), Beleuchtungsfahrzeuge (Light Units), Fahrzeuge zur Versorgung der Mannschaft an der Einsatzstelle (Rehabilitation Units) und Taucherfahrzeuge (Diving Units). Viele große Fire Departments im Westen der USA und Forstbehörden haben Sattelschlepper mit Bulldozern im Dienst, um bei der Waldbrandbekämpfung Feuerschneisen schlagen zu können. Zusätzlich gibt es noch eine Vielzahl anderer Fahrzeuge für die unterschiedlichsten Aufgabengebiete.

Fire Department of the City of New York, New York
Satellite 5
Mack MR 688 P/Saulsbury
Baujahr 1993

Insgesamt sechs dieser Schlauchwagen besitzt das FDNY. Sie werden bei Großfeuern zusammen mit 2000 gpm Pumpern eingesetzt, die auf denselben Wachen stationiert sind. Die Fahrzeuge sind ausgestattet mit drei Monitoren, 3000 Fuß 5-Inch Schläuchen und Schaummittelkanistern.

There are six of these hose carriers are in service with FDNY. Primarily these vehicles are used to fight large fires together with 2000 gpm pumpers allocated to the same fire stations as the hose layers. The vehicles are equipped with three monitors, 3000 feet of 5-inch hoses and foam cans.

Delta-Cardiff Volunteer Fire Company, Pennsylvania, Maryland
Supply Unit
Ford F 800 4x4/S&S
Baujahr 1990
1250 gpm 400 W

Zur Wasserförderung über lange Wegestrecken dient dieser Pumper der freiwilligen Feuerwehr Delta-Cardiff. Die 5-Inch Schläuche sind hier auf einer großen Haspel verstaut.

This pumper of Delta-Cardiff FD is used for long-distance water-supply. The 5 inch hoses are stored on a large reel.

Seal Rock FD, Oregon
Hose Wagon 9
Ford C 700/Eigenaufbau
Baujahr 1978 Umbau 1983

Fire Department of the City of New York, New York
Manifold Hose Wagon
GMC Sierra 30/Ward 79
Baujahr 1986

Fire Department of the City of New York, New York
Mask Service Unit
Mack MC 686 FC/Saulsbury
Baujahr 1986

Die New Yorker Mask Service Unit verfügt über 4 Fahrzeuge, die nicht nur die Aufgabe haben, an größeren Einsatzstellen die Versorgung mit Preßlutatmern sicherzustellen, sondern auch die einzelnen Wachen direkt mit Atemschutzgeräten zu beliefern. Dieser Mack aus dem Jahre 1986 war ein Einzelstück.

FDNY´s Mask Service Unit is equipped with four vehicles to cover the supply of BA-sets at larger incident sites and to supply fire stations with BA-sets as well. This unique 1986 Mack was a one of a kind vehicle.

Fire Department of the City of New York, New York
Mask Service Unit 2
International Navistar 4900/Hackney&Sons
Baujahr 1997

1997 wurden für die Mask Service Unit vier neue Fahrzeuge beschafft, die unter anderem mit jeweils 230 Atemluftflaschen ausgestattet sind.

In 1997 4 new vehicles were bought for FDNY´s Mask Service Unit. On each of these apparatus there are -among other items- 230 spare cylinders for BA-sets stored.

Medford Farms Volunteer Fire Company, Tabernacle Township, New Jersey
Air&Light Unit 4318
Ford F 700/Betten
Baujahr 1992

Ein kombiniertes Beleuchtungs- und Atemschutzfahrzeug ist diese Air&Light Unit aus dem südlichen New Jersey. Im Heck ist eine kleine Werkstatt untergebracht.

This truck from southern New Jersey is a combined air&light unit. A small workshop is fitted out in the rear of the vehicle.

Alexandria Fire Department, Virginia
Mobile Air&Light Unit
International Navistar 4700/Emergency-One
Baujahr 1994

New Egypt Volunteer Fire Company, New Jersey
Mobile Cascade Unit
GMC Vandura 1500/Eigenausbau
Baujahr 1986 Umbau 1992

Ein ehemaliger Schulbus, der vom FD selbst umgebaut wurde.

This old school-bus was converted by the fire department.

Fire Department of the City of New York, New York – Decontamination Unit
Mack MR 685 C/Maxey Inc./Super Vac
Baujahr Zugmaschine 1987 Auflieger 1995

1995 stellte das FDNY insgesamt 3 neue Auflieger von Super Vac in Dienst. Eines dieser Fahrzeuge ist die Decon Unit, die von einer älteren Mack-Zugmaschine gezogen wird. Der Auflieger ist in vier Räume unterteilt, wobei die im hinteren Bereich untergebrachten Duschen und Umkleideräume das Kernstück des Fahrzeugs bilden.

In 1995 FDNY commissioned three new trailers built by Supervac. This decon unit towed by an older Mack tractor is one of these trailers. The trailer is divided into 4 compartments. Shower and changing rooms, both situated in the rear part are the most important features of this trailer.

Fire Department of the City of New York, New York
Collapse Rescue
Ford Cargo 8000/Maxey Inc./Super Vac
Baujahr 1995

Die Collapse Rescue kommt bei Hauseinstürzen und Verschüttungen zum Einsatz und ist ausgerüstet mit schwerem Werkzeug, Abstützholz, Planen und ähnlichem. Das Fahrzeug ist zusammen mit Rescue 3 im Stadtteil Bronx stationiert.

The Collapse Rescue responds to heavy rescue calls in connection with e.g. collapsed buildings. It is equipped with heavy tools, timber, canvas and other technical equipment required for these incidents. The vehicle together with Rescue 3 is allocated to New York´s Bronx.

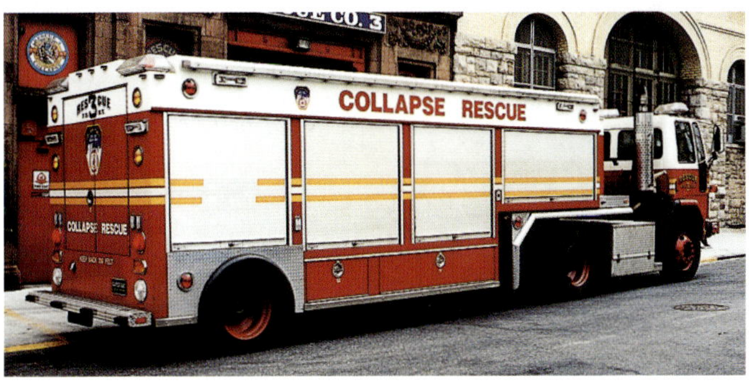

Fire Department of the City of New York, New York
Tactical Support Unit 1
International Navistar 4800 4x4/ Saulsbury/Auto Crane – Baujahr 1998

Zwei sogenannte Tactical Support Units hat das FDNY im Einsatz. Sie werden bei allen größeren Notfällen sowie Wassereinsätzen alarmiert. Die Ausstattung umfasst einen 28 kVA Generator, Lichtmast, weiteres Beleuchtungsmaterial, hydraulisches Werkzeug, eine 12 t Seilwinde, einen kleinen Kran und ein Zumro Boot.

Two so-called tactical support units are in service with FDNY. They respond to all larger incidents and to water rescue calls. Each is equipped with a 28 kVA generator, a lighting tower, lighting material, hydraulic tools, a 12 t winch, a small crane and a Zumro boat.

Fire Department of the City of New York, New York
High Rise Unit 2
Mack MR/Saulsbury – Baujahr 1997

Die zwei High Rise Units in New York City haben Material für Einsätze in Hochhäusern an Bord. Sie sind hauptsächlich mit Generatoren, Ventilatoren, Scheinwerfern und Langzeitatemschutzgeräten ausgerüstet. Dies sind die ersten speziell für diesen Einsatzzweck gebauten Fahrzeuge in New York City.

New York City´s two high rise units carry equipment for incidents in high-rise buildings. They are equipped with generators, fans, lights and long durance BA-sets. These vehicles are the first purposely built High-Rise units in New York City.

Richmond FD, Virginia
First Response Vehicle 5
Freightliner FL 106/Pierce – Baujahr 1997
500 gpm 500 W 30 S

Neben Quints hat das Richmond FD noch 9 dieser Vorausfahrzeuge im Dienst. Diese Fahrzeuge fahren zu Feuern außerhalb von Gebäuden, Fahrzeugunfällen und medizinischen Notfällen. Der Pumpenbedienstand ist im Geräteraum vorne links untergebracht. Außerdem haben die Fahrzeuge hydraulisches Rettungsgerät an Bord.

Richmond FD runs 9 of these first response vehicles besides their quints. They turn out to non-structural fires, vehicle accidents and medical emergencies. The pump-panel is allocated to the first compartment on the left side. The vehicles are also equipped with hydraulic cutting gear.

Greensburg FD, Pennsylvania
Positive Pressure Ventilation and Foam Unit
Chevrolet Custom de Luxe 30
Baujahr 1987

Dieses Fahrzeug dient zur Erzeugung von Leichtschaum und zur Überdruckventilation, die in den USA bereits sehr viel früher zum Einsatz kam als hierzulande. Im Heck des Fahrzeugs sind herausziehbare Lutten angebracht, durch die der Luftstrom des überdimensionalen Ventilators geführt werden kann.

This vehicle serves for production of high expansion foam and positive pressure ventilation, which was used much earlier in the US than in Germany. In the back of the vehicle there are demountable hoses stored.

Tampa FD, Florida
Amphibious Fireboat
LARC/LTI
Baujahr 1960 Umbau 1986
1200 gpm

Der LARC wurde von der US-Armee als amphibisches Landungsfahrzeug konzipiert. Nachdem die Armee einige dieser Fahrzeuge ausgemustert hatte, ließen sich verschiedene Fire Departments solche Fahrzeuge zu Amphibienlöschfahrzeugen umbauen. Diese Fahrzeuge haben den Vorteil, daß sie einen Teil des Anfahrtsweges schnell auf der Straße zurücklegen können, um dann an geeigneter Stelle in der Nähe des Einsatzortes ins Wasser fahren zu können. damit sind sie meist schneller als Löschboote. Außer in Tampa setzten unter anderem auch die Feuerwehren Miami, Coral Gables und Milwaukee solche Fahrzeuge ein.

The LARC was designed as amphibious landing craft for the US-Army. After the Army had disposed off some of them, a number of fire departments had them converted to amphibious fire apparatus. These vehicles are enabled to move quickly to the incident site on the roads and then to water near the actual site. Thus they are faster than boats moving up the whole distance on e.g. a river. Aside from Tampa FD the FDs of Miami, Coral Gables and Milwaukee had such vehicles, too.

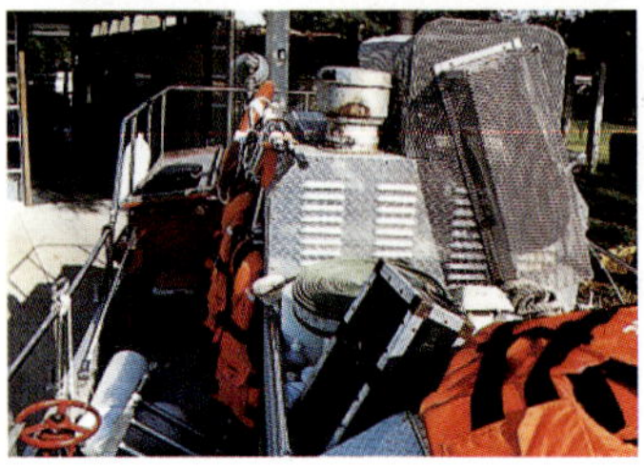

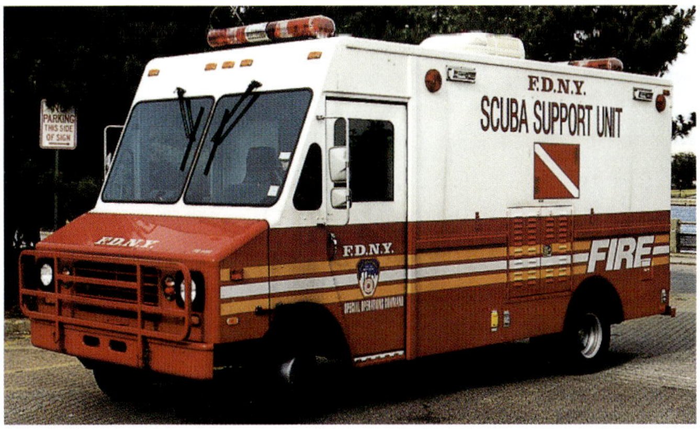

Fire Department of the City of New York, New York
Scuba Support Unit
Ford/Utilimaster
Baujahr 1994

Dieses Fahrzeug dient hauptsächlich der Versorgung mit Tauchmaterial. Die Taucher in New York City gehören den Rescue Companies an.

This vehicle serves as a support unit for Scuba operations. The divers in NYC are members of FDNY´s rescue companies.

Arlington FD, Virginia
Metro Support Unit
Ford F 700/Steeldraulics
Baujahr 1986

Fahrzeug für U-Bahn Einsätze im Großraum Washington DC.

Vehicle for underground train emergencies in the greater Washington D.C. area.

Armiger Volunteer Fire Company, Maryland
Floodlight 30
GMC Sierra 3500/Onan/Eigenbau
Baujahr 1986

Kennett Square Fire Company No.1, Pennsylvania
Deluge
Ford F 350/Bruco
Baujahr 1988

Prince George's County FD, Station 22 Tuxedo/Cheverly, Maryland
Pod-Carrier
Freightliner FL 112/Multilift
Baujahr 1996
Collapse Unit Pod

Wechsellader sind in den USA noch fast gar nicht anzutreffen. Einige wenige Fire Departments haben vor einigen Jahren angefangen, solche Fahrzeuge zu beschaffen, nutzen sie aber im Vergleich zu Europa nur wenig. Dieses Fahrzeug ist mit einem Collapse Rescue Container beladen.

Pod carriers cannot be found very often in the US. Only a few fire departments started to commission such vehicles during the last years, but use them less than European brigades. This unit is equipped with a collapse rescue pod.

Fairfax County FD, Station 30 Merrifield, Virginia
Pod Transporter
International Paystar 5000/Amphiroll Marrel
Baujahr 1989
Field Command Unit
Excellance
Baujahr 1989

Dieses Fahrzeug aus dem Fairfax County war eines der ersten Wechselladerfahrzeuge. Es stehen eine Field Command Unit und eine Communications Unit als Aufbauten zur Verfügung.

Fairfax County FD was one of he first users of the pod system. There are two pods available, a field command unit and a communications unit.

Bradley-Prosperity Volunteer FD, West Virginia
Pod Carrier
International S 1800 4x4/American Hook-Lift
Baujahr 1984

Dieser Wechsellader wurde von diesem kleinen FD gebraucht erworben und mit einer ganzen Anzahl selbstgebauter Aufbauten, wie Brush Unit, Command Post, Flatbed und anderen, ausgestattet. Sicherlich die größte Anzahl von Containern bei einem US-Fire Department.

This pod unit was bought second hand by this small FD and was augmented by a number of pods, among others e.g. a brush unit, command post and a flatbed. Surely the largest number of pods in the States.

William B.Hartsfield International Airport FD, Atlanta, Georgia
Mass Casualty Unit Yellow-7
Freightliner FL 70/Hackney&Sons
Baujahr 1995

Dieses Fahrzeug ist ausgerüstet mit Krankentragen, Verbandsmaterial und ähnlichem zur Hilfeleistung bei einem Massenanfall von Verletzten bei Flugzeugunfällen.

This vehicle is equipped with stretchers, medical material and other equipment to be used in case of aircraft crashes with numerous casualties.

Chicago FD, Illinois
Fuel Truck 723
Ford Cargo CF 8000/Press Tank
Baujahr 1995

Große Fire Departments unterhalten zum Betanken ihrer Fahrzeuge bei Großeinsätzen und teilweise auch auf den Wachen Treibstoff-Tankfahrzeuge. Dieses Fahrzeug transportiert 400 gal. Benzin und 1600 gal. Diesel.

Large fire departments often use fuel tanker for supplying their apparatus with fuel at large incidents and partially at the fire stations. This vehicle carries 400 gal. of petrol and 1600 gal. of diesel.

Oregon Department of Forestry, Coos Bay, Oregon
Tractor 62
International 9300 – Baujahr 1988
Trailer
General – Baujahr 1975
Bulldozer
Caterpillar – Baujahr 1987

Die Forst- und Landbehörden der USA sowie einige größere Fire Departments im Westen haben für die Waldbrandbekämpfung Bulldozer. Diese dienen dazu, bei Waldbränden Feuerschneisen zu schlagen.

US-Forestry and Land Departments and some larger fire departments in the western states keep bulldozers in the fleet which are used for constructing firebreaks in case of forest fires.

The Port Authority of New York and New Jersey, Newark International Airport, New Jersey
Stairway Unit 56045
Ford F 350/Stinar
Baujahr 1991

Devils Lake Fire District Lincoln City, Oregon
Surf Rescue 15
Chevrolet Silverado 3500/Eigenaufbau/Yamaha Twin Carb Jetski
Baujahr 1986

Fire Department of the City of New York, New York
Truck
Freightliner FL 80 4x4/Anthony
Baujahr 1998

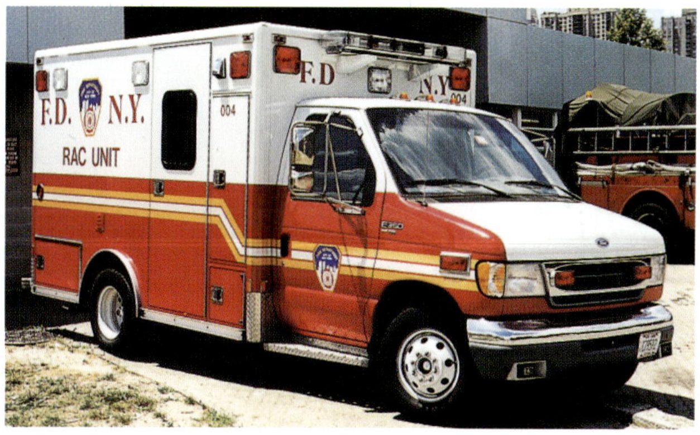

Fire Department of the City of New York, New York
RAC Unit 4 (Recuperation and Care)
Ford E 350/Emergency-One
Baujahr 1997

Fire Department of the City of New York, New York
Wrecker
GMC Topkick/Weld-Built
Baujahr 1995

Moon Township Volunteer Fire Company, Pennsylvania
Personnel Carrier
Chevrolet Sport Van
Baujahr 1991

Lexington FD, Kentucky
Utility 01615
Ford F 150
Baujahr 1997

Louisville FD, Kentucky
Utility
Chevrolet Custom de Luxe 10
Baujahr 1983

Lane Rural Fire District 1, Oregon
Utility
Kawasaki Mule 2510
Baujahr 1995

Louisville FD, Kentucky
Utility
Ford E 250
Baujahr 1998

Chief Cars + Command & Communication Units

Die Chiefs großer und teilweise auch kleinerer Feuerwehren verfügen selbstverständlich über eigene Fahrzeuge. Dies reicht vom normalen PKW über Geländewagen bis hin zu Kleintransportern (Vans). Große Feuerwehren sind normalerweise in Battalions und Divisions eingeteilt. Das FDNY zum Beispiel ist in 49 Battalione und 8 Divisionen unterteilt, von denen jeder Chief über ein eigenes Fahrzeug mit Fahrer verfügt. Zur Kommunikation und Einsatzleitung an größeren Einsatzstellen unterhalten größere Fire Departments auch große Einsatzleitfahrzeuge die mit Besprechungsräumen und umfangreichen Kommunikationsmitteln ausgestattet sind.

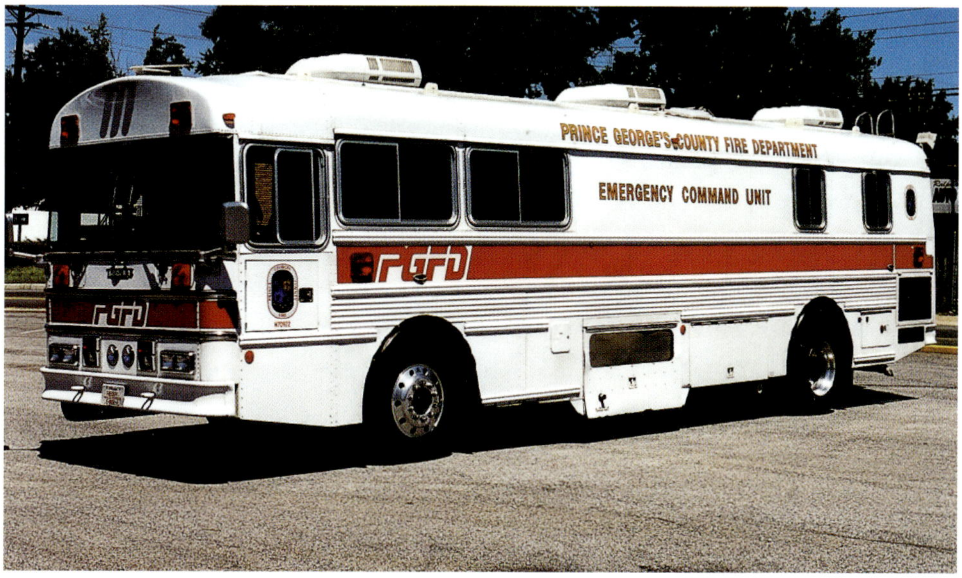

Prince George's County FD, Maryland
Emergeny Command Unit
Thomas
Baujahr 1989

Dieser Thomas Bus gehört zu den größten Command Units, die bei US Fire Departments im Dienst sind. Wie alle Fahrzeuge dieser Größe ist er sowohl mit einem Besprechungs-, als auch mit einem Funkraum mit umfangreichen Kommunikationsmitteln ausgestattet.

This Thomas bus is one of the largest command units in service with US fire departments. Like all vehicles of this size it is divided into separate conference and radio-compartments and carries extended communication equipment.

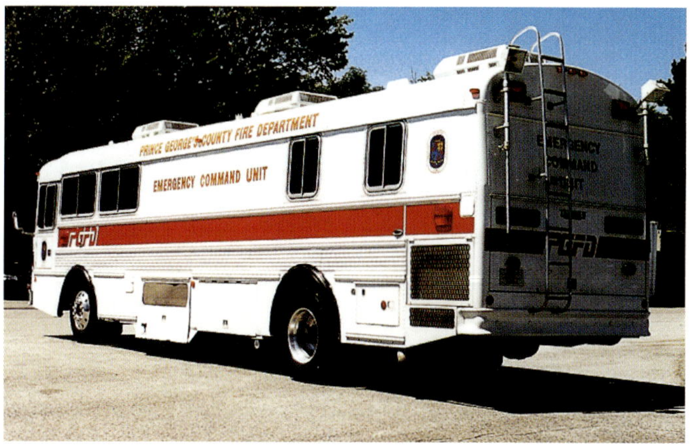

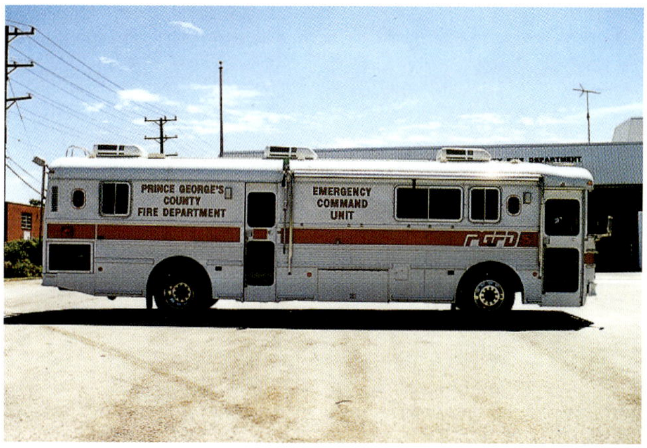

William B.Hartsfield International Airport FD, Atlanta, Georgia
Fire Command Unit
Ford E 350/Wheeled Coach
Baujahr 1988

Mittelgroßer Command Van der Flughafenfeuerwehr Atlanta.

Medium sized command van in use with Atlanta Airport FD.

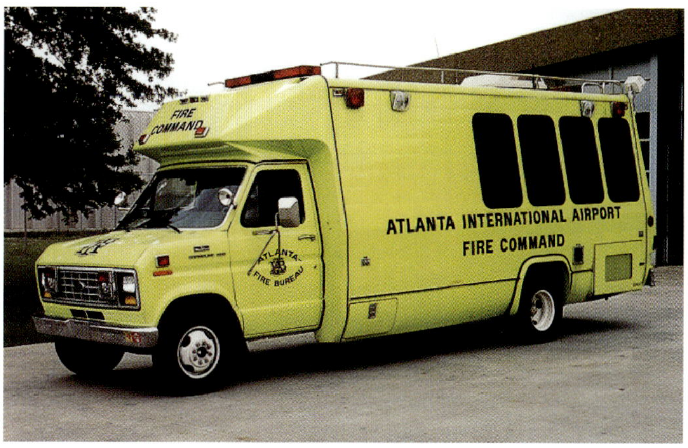

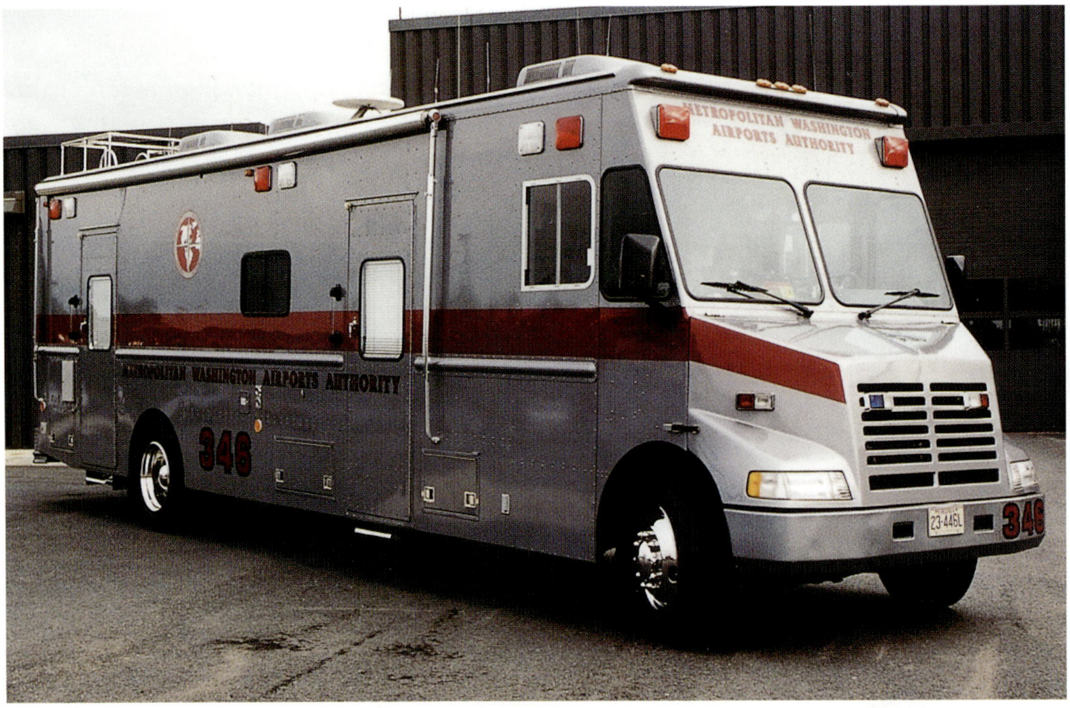

Metropolitan Washinton Airports Authority, Dulles Airport, Virginia
Communication & Command Unit 346
International/Lynch
Baujahr 1995

Lynch konnte bereits einige dieser großen Einsatzleitwagen an Fire Departments in den USA liefern. Da dieses Fahrzeug auch von der Polizei mitgenutzt wird, ist es nicht in dem auf Flughäfen üblichen Lime-Green lackiert.

Lynch delivered some of these large command vehicles to US fire departments. As this unit is also used by the Police it is not painted in lime green, the common colour for Airport emergency vehicles.

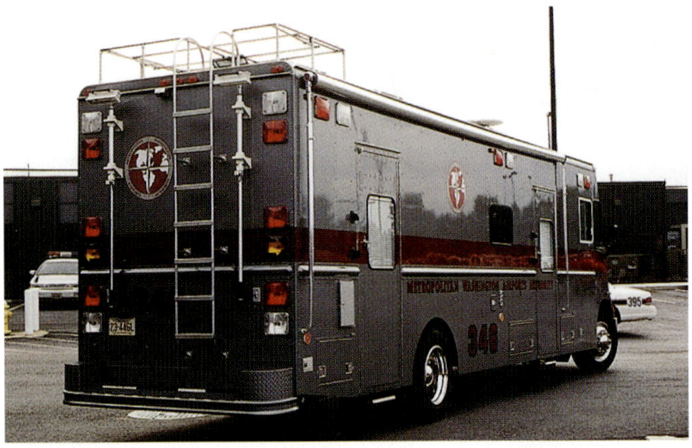

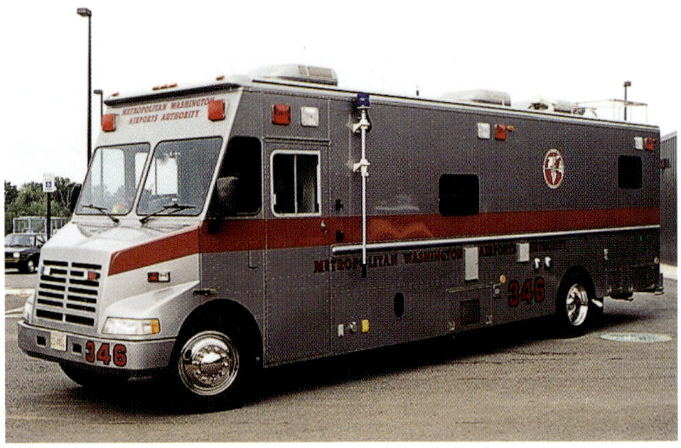

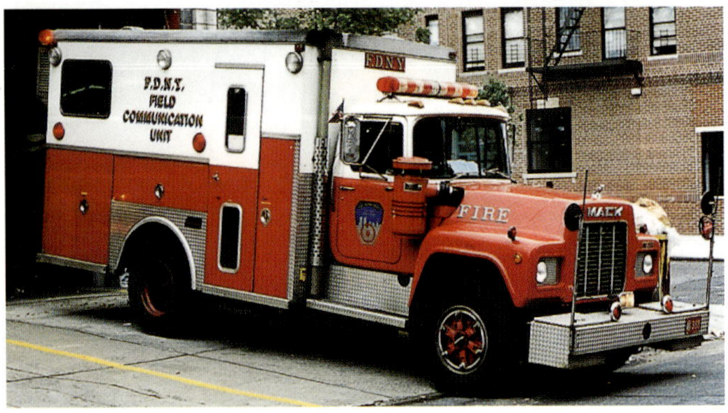

Fire Department of the City of New York, New York
Field Communication Unit
Mack R 686 FC/Saulsbury
Baujahr 1985

Dieser Mack des FDNY ist ein reines Leitstellenfahrzeug für große Einsatzstellen. Zusätzlich zu diesem Fahrzeug gibt es in New York City noch ein mobiles Command Center, das als Besprechungszentrum dient.

This FDNY´s Mack-chassis is only a communications unit for large incidents. Additionally FDNY has a mobile command centre available which serves as a conference unit.

Marbury FD, Maryland
Command Unit
Chevrolet Suburban 20
Baujahr 1988

Fire Department of the City of New York, New York
Battalion Chief 22
GMC Suburban 2500
Baujahr 1994

Philadelphia International Airport FD, Pennsylvania
Shift Commander F 21
Ford Explorer XL
Baujahr 1992

Wheeling FD, West Virginia
Chief
Ford Expedition
Baujahr 1999

Atlanta William B.Hartsfield International Airport FD, Georgia
Instruction Officer Car
AM General Hummer
Baujahr 1996

Fire Department of the City of New York, New York
Division Chief 15
Chevrolet Caprice
Baujahr 1993

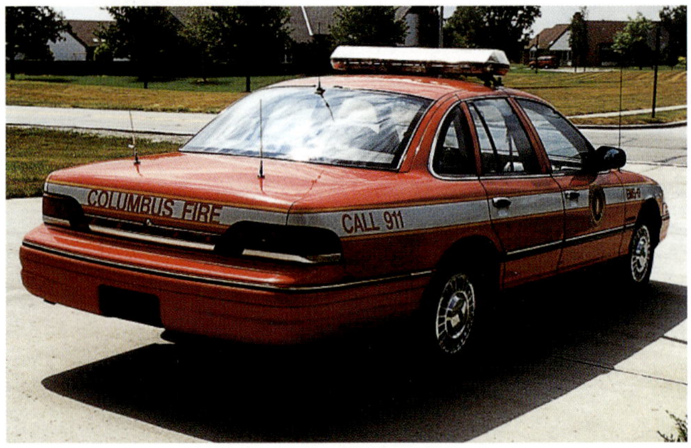

Columbus FD, Ohio
EMS Supervisor 17
Ford Crown Victoria
Baujahr 1993

Mizpah Fire Company, Hamilton Township, New Jersey
Chief 1820
Chevrolet Caprice
Baujahr 1988

Lexington FD, Kentucky
Chief 01013
Dodge Stratus
Baujahr 1999

Seattle FD, Washington
Battalion Chief 11
Plymouth Voyager
Baujahr 1989

Baltimore FD, Maryland
Fire Investigation
Jeep Cherokee
Baujahr 1991

Ambulances

US Feuerwehren sind oft auch im Rettungsdienst tätig. Sie rücken häufig mit ihren normalen Fahrzeugen wie Pumpern, Aerials oder Rescues als First Responder aus um die die Patienten erstzuversorgen und sie dann den nachfolgenden Rettungsdiensten zu übergeben. Dies hat den Vorteil, daß die Wehren schneller bei Patienten sein können, um Erstmaßnahmen einzuleiten, da die Dichte der Feuerwachen sehr viel höher ist als die der Rettungswachen. Viele US-Feuerwehren verfügen auch über eigene Rettungswagen, mit denen sie allerdings nur den reinen Notfalltransport oder auch nur den Eigenschutz an Einsatzstellen übernehmen. Normale Krankentransporte werden von privaten Rettungsdiensten und Krankenhäusern selbst durchgeführt. Bei den Ambulances werden zwei Arten unterschieden, die BLS-Units (Basic Life Support-Unit) und die ALS-Units (Advanced Life Support-Unit). BLS-Units sind mit EMT (Emergency Medical Technicians), vergleichbar mit unseren Rettungssanitätern, besetzt. Paramedics, die mit unseren Rettungsassistenten vergleichbar sind, bilden die Besatzungen der ALS-Einheiten. Die Fahrzeuge sind heute überwiegend in der Ausführung mit Kofferaufbau gefertigt. Sehr oft wird als Fahrgestell der Ford Econoline (E-Serie) oder die F-Serie verwendet. In den letzten Jahren werden die etwas schwereren Fahrgestelle von International und besonders Freightliner jedoch immer beliebter.

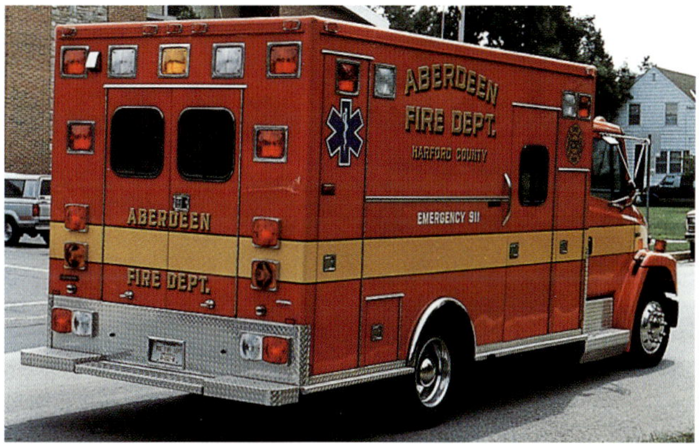

Aberdeen FD, Maryland – Ambulance
Freightliner FL 60/Medtec – Baujahr 1993

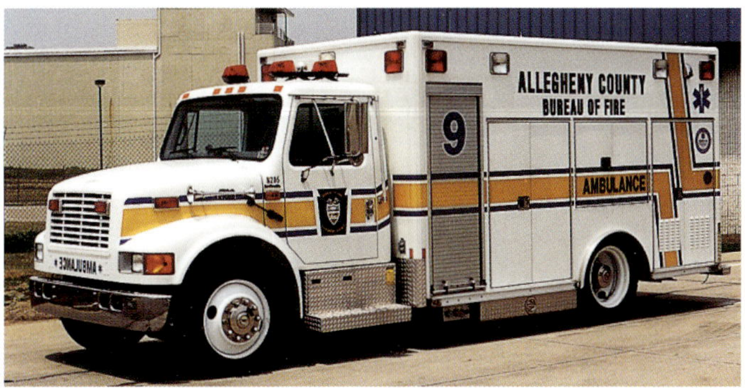

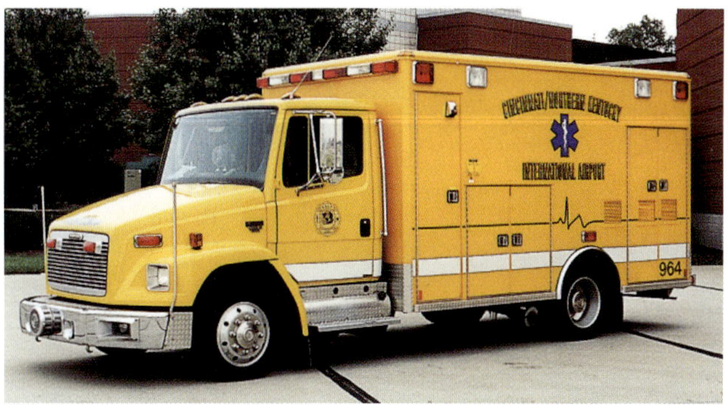

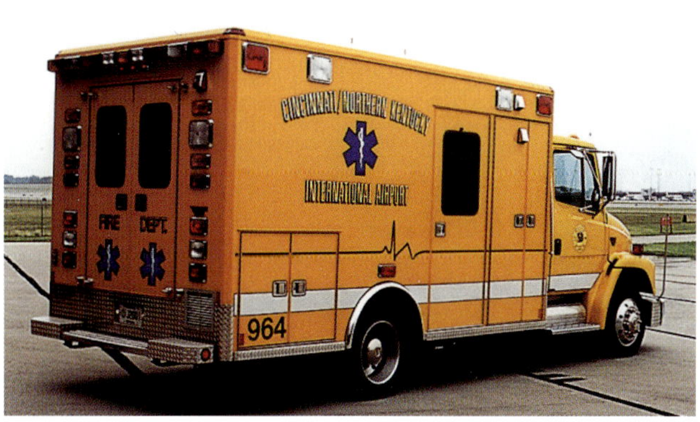

Allegheny County International Airport FD, Pennsylvania
Ambulance 9 – International Navistar 4700/Emergency-One
Baujahr 1995 – 250 gpm 250 W

Cincinnati/Northern Kentucky International Airport FD, Kentucky – Ambulance 964 – Freightliner FL 60/Wheeled Coach
Baujahr 1996

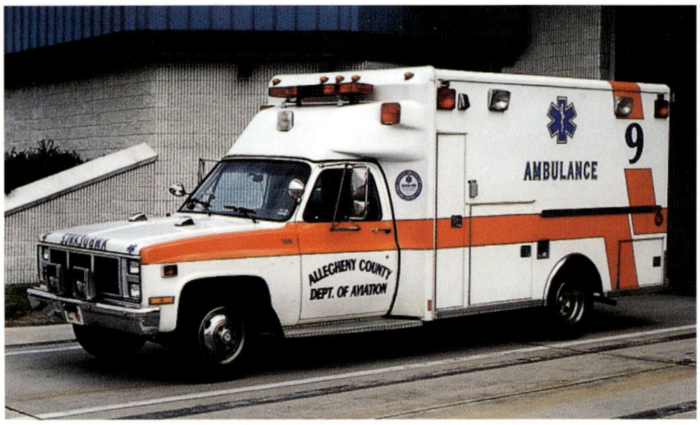

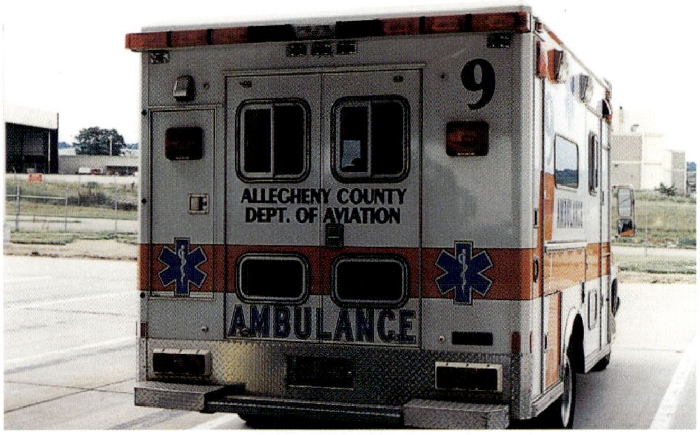

Allegheny County International Airport FD, Pennsylvania
Ambulance 9
GMC Sierra/Wheeled Coach
Baujahr 1988

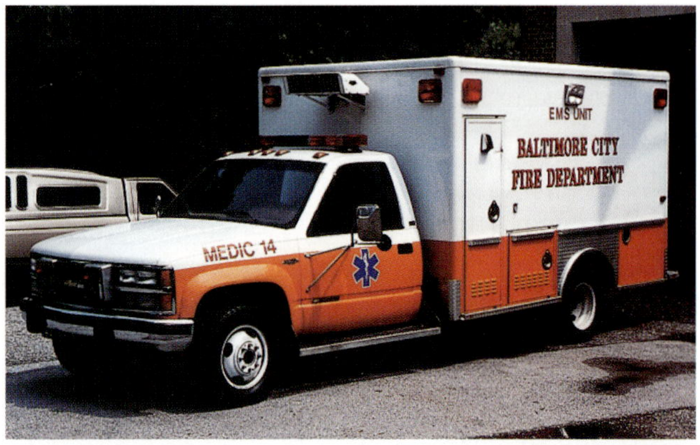

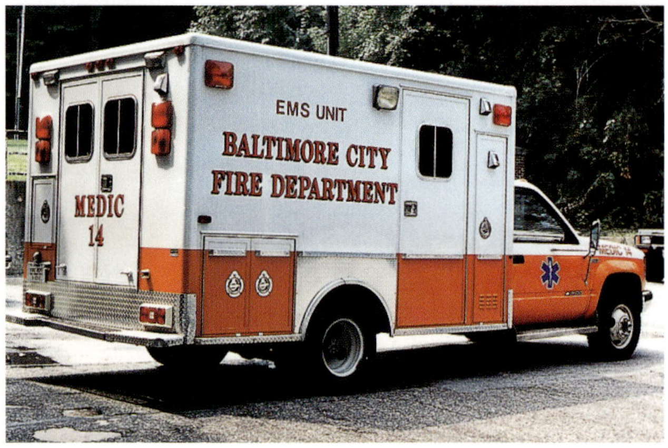

Baltimore FD, Maryland
Medic 14
Chevrolet K 3500/Southern
Baujahr 1991

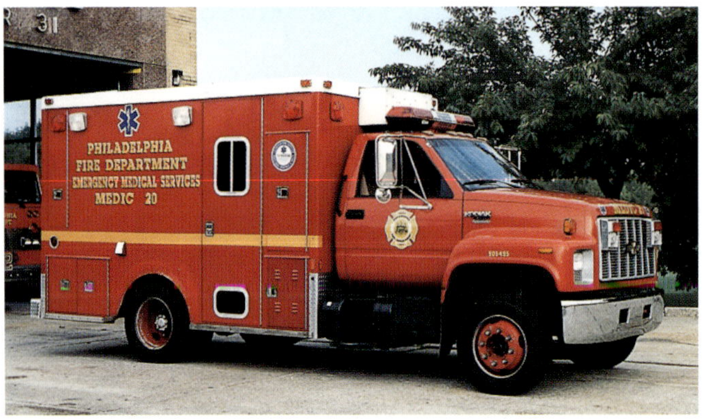

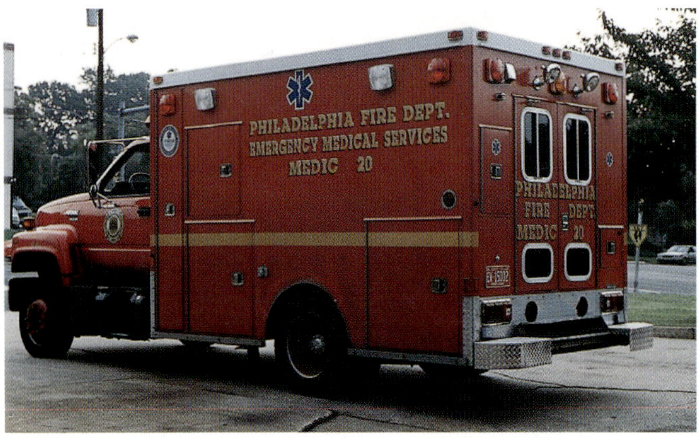

Philadelphia FD, Pennsylvania
Medic 20
Chevrolet Kodiak/First Response
Baujahr 1990

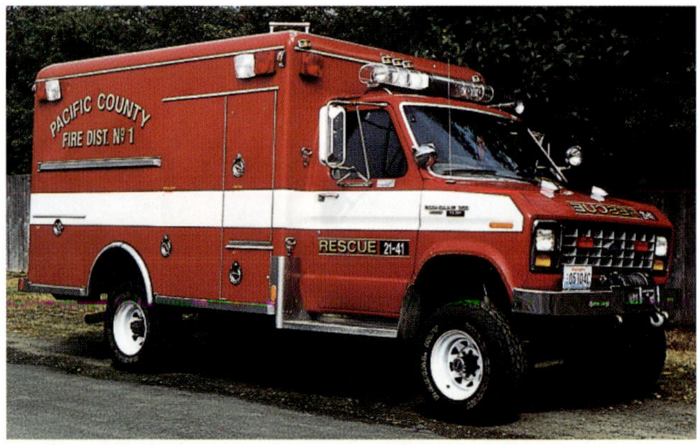

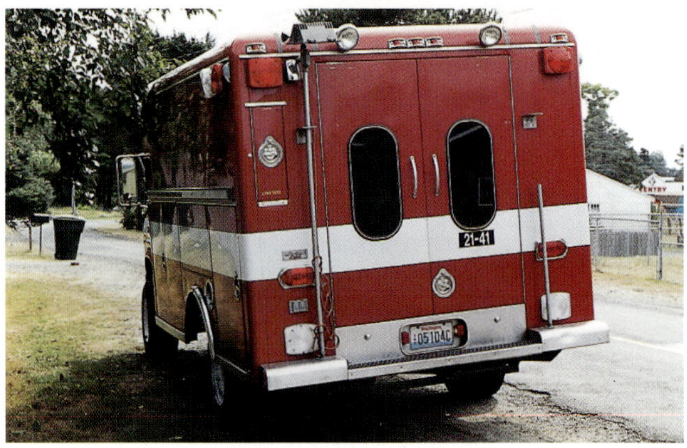

Pacific County Fire District 1, Ocean Park, Washington
Rescue 21-41
Ford E 350 4x4/Cayel Craft
Baujahr 1987

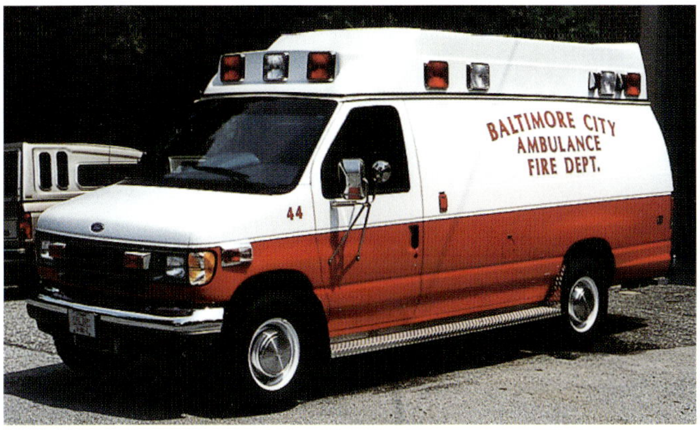

Baltimore FD, Maryland – Ambulance 44
Ford E 350/Southern – Baujahr 1994

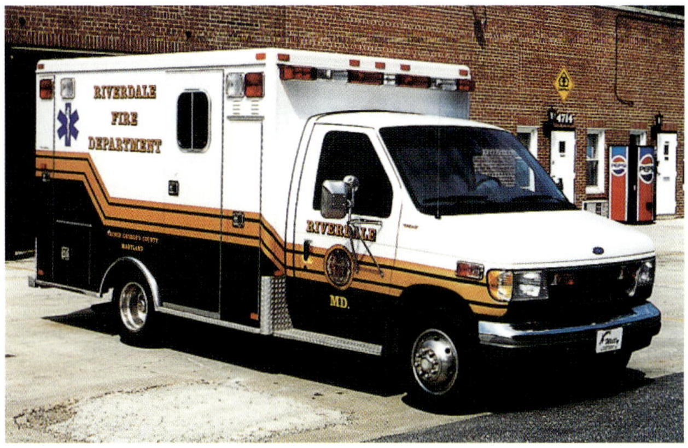

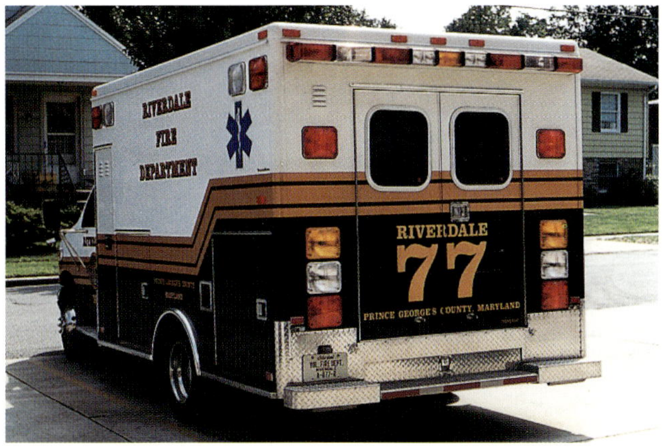

Riverdale FD, Maryland – Ambulance
Ford E 350/Tomahawk – Baujahr 1993

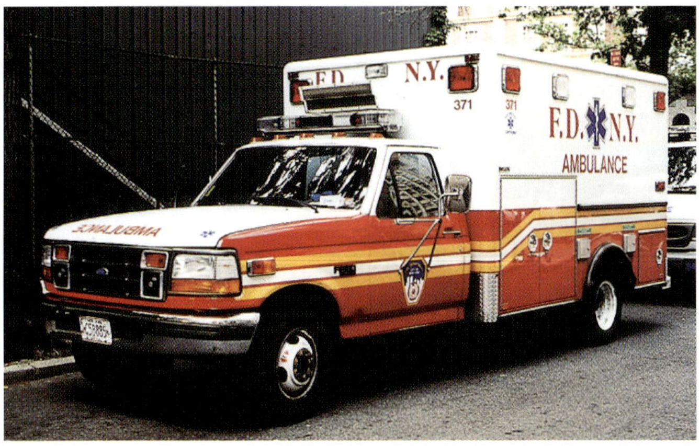

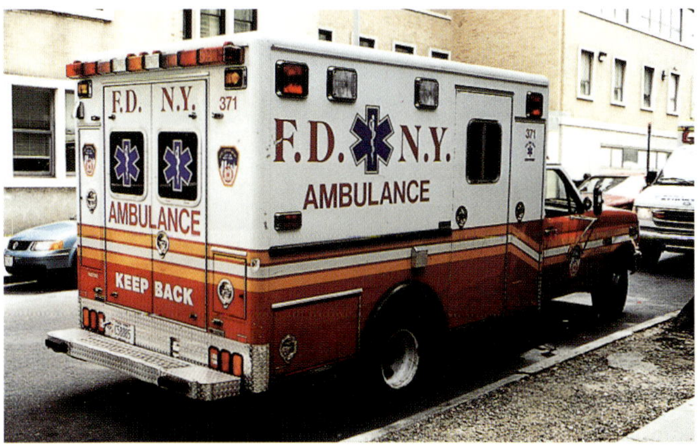

Fire Department of the City of New York, New York
Ambulance 371
Ford F 350/Horton
Baujahr 1997

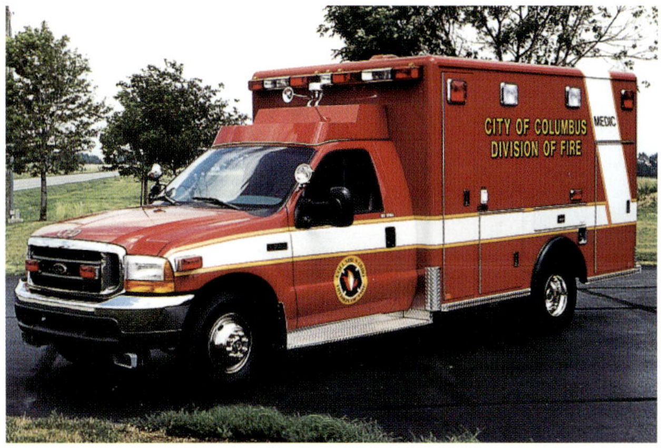

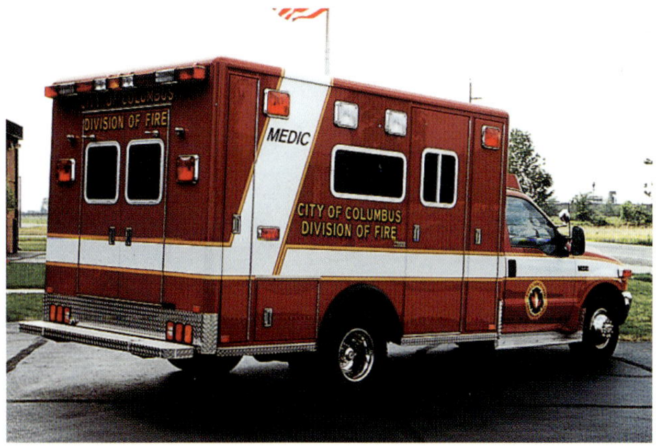

Columbus FD, Ohio
Medic 31
Ford F 350 Super Duty/Horton
Baujahr 1999

Fachbegriffe:

Advanced life support unit	Rettungswagen (kurzform: ALS-unit)
Aerial ladder	Drehleiter
Aerialscope	Teleskopmast der Firma Baker
Aqueous film forming Foam	Filmbildendes Schaumlöschmittel (kurzform: AFFF)
Airport rescue and firefighting vehicle	Flughafenrettungs- und löschfahrzeug (kurzform: ARFF)
Air Unit	Atemschutzgerätewagen
Ambulance	Rettungswagen
Antique-Engine	Museumslöschfahrzeug
Basic life support unit	Krankentransportwagen (kurzform: BLS-unit)
Brush truck	Waldbrandlöschfahrzeug
Canopy Cab	nach hinten offenes Fahrerhaus
Cascade unit	Atemschutzfahrzeug mit einer Batterie Atemluftlaschen zum nachfüllen
Chief Car	Fahrzeug eines Offiziers oder Kommandanten
Cincinnati Cab	Kabine der Firma Cincinnati Cab Manufacturers
Class A-Foam	Schaummittel zur Brandbekämpfung fester Stoffe
Class B-Foam	Schaummittel zur Brandbekämpfung flüssiger Stoffe
Collapse Rescue	Rüstwagen für Einstürze
Command unit	Einsatzleitfahrzeug
Commercial Chassis	serienmäßiges Fahrgestell
County	Landkreis
Crash Fire Rescue vehicle	Flughafenlöschfahrzeug (kurzform: Crash Truck oder CFR)
Custom Chassis	spezielles Fahrgestell (für Feuerwehrfahrzeuge)
Decontamination Unit	Fahrzeug zum reinigen von Personen oder Gegenständen von Giftstoffen
Deluge unit	Fahrzeug mit großem Wasserwefer
Dive unit	Taucherfahrzeug
Dry Chemical unit	Pulverlöschfahrzeug
Dump-valve	großes Rohr mit dem Fahrzeugtanks schnell geleert werden können
Elevating platform	Gelenk- oder Teleskopmast
Emergency	Notfall
Emergency medical service	Rettungsdienst (kurzform: EMS)
Emergency medical technician	Rettungssanitäter (kurzform: EMT)
Engine	Löschfahrzeug
Field Communication unit	Einsatzleitfahrzeug mit Kommunikationsausstattung
Fire apparatus	allgemeine Bezeichnung für Feuerwehrfahrzeug
Fire boat	Löschboot
Fire Company	kleinere (eigenständige) Einheit eines Fire Department
Fire Department	Feuerwehr (kurzform: FD)
Fire Investigation	Brandursachenermittlung
Fire Protection District	ländlicher Feuerlöschbezirk
Fire Station	Feuerwache
First Responder	Vorauseinheit bei medizinischen Notfällen
Foam tender	Schaumtankfahrzeug
Foam Pumper	Löschfahrzeug mit Schaumlöschausstattung
Fuel Tender	Treibstofftankwagen
Ground ladder	tragbare Leiter
Hazardous materials unit	Gefahrgutfahrzeug (kurzform: Hazmat Unit)
High pressure	Hochdruck
High rise unit	Fahrzeug für Einsätze in Hochhäusern
Hose tender	Schlauchwagen
Instruction Officer	Ausbildungsoffizier
Ladder truck	Drehleiter oder Leiterfahrzeug
Light unit	Beleuchtungsfahrzeug
Manifold	Verteiler
Mask unit	Atemschutzgerätewagen
Mass Casualty unit	Fahrzeug mit Sanitätsmaterial für Großschadensfälle
Midmount ladder	Drehleiter mit dem Drehkranz hinter dem Fahrerhaus
Mini Pumper	leichtes Löschfahrzeug
Monitor	Wasserwerfer
Paramedic	Rettungsassistent
Personnel Carrier	Mannschaftstransportwagen
Pick-up Truck	Kleintransporter mit Ladefläche hinter der Kabine
Platform	Drehleiter oder Gelenkmastfahrzeug mit fest angebrachtem Korb

Pod carrier	Wechsellader
Positive pressure ventilation	Überdruckventilation
Pumper	Löschfahrzeug
Pump panel	Pumenbedienstand
Quadruple combination	Pumper mit zusätzlichen tragbaren Leitern (kurzform: quad)
Quintuple combination	Pumper mit tragbaren Leitern und Drehleiter (kurzform: quint)
Rapid intervention vehicle	Schnellangriffsfahrzeug für Flughäfen (kurzform: RIV)
Rearmount Aerial	Drehleiter mit hinten angebrachtem Drehkanz
Rebuilding	Umbau eines Fahrzeugs (auch refurbishing)
Rehabilitation unit	Mannschaftsversorgungsfahrzeug
Rescue truck	Rüstwagen
Scuba unit	Taucherfahrzeug
Snorkel	allgemeine Bezeichnung für Gelenkmast und Markenname
Snozzle	Telekop-/Gelenklöscharm der Firma CRES
Spare	Reserve
Special Pumper	Sonderlöschfahrzeug
Squrt	Gelenklöscharm der Firma Snorkel
Supervisor	Aufseher
Support Unit	Unterstützungsfahrzeug
Tanker	Tankwagen
Tanker-Pumper	Löschfahrzeug mit einem Tank von mindestens 1000 gal. Inhalt
Telesqurt	Teleskoplöscharm der Firma Snorkel
Tillered Aerial	Sattelschlepperdrehleiter (kurzform: Tiller)
Tilt cab	kippbare Kabine
Topmount pump panel	erhöhter hinter der Kabine angebrachter Pumpenbedienstand
Tower ladder	Drehleiter oder Telskopmast mit fest angebrachtem Korb
Tractor drawn aerial	Sattelschlepperdrehleiter
Trailer	Anhänger
Triple Combination Pumper	Löschfahrzeug mit Pumpe, Tank und Schlauchvorrat
Truck	Lastwagen bzw. allg. Bezeichnung für Drehleitern
Turntable ladder	Drehleiter
Utility Truck	Mehrzweckfahrzeug
Van	Kleintransporter
Volunteer Fire Department	Freiwillige Feuerwehr
Walk-in-Rescue	Rüstwagen mit innem begehbarem Aufbau
Wrecker	Abschleppwagen

Einheitenabkürzungen:
W: Wasser/Water
S: Schaummittel/Foam
P: Pulver/Powder (Dry-Chemical)
H: Halon
gpm: gallons per minute

Einheiten:
Wasser: gallons
Schaummittel: gallons
Pulver: US-pound (lbs)
Pumpenleistung: gallons per minute (gpm)
Leiterlängen: feet (ft)

Umrechnungstabelle:
1 gallon (US) = 3,785 liter
1 pound = 0,453 kg
1 feet = 30,48 cm
1 inch = 2,54 cm

Literaturnachweis:

John A. Calderone & Jack Lerch: Wheels of the Bravest-A history of FDNY Fire Apparatus
John A. Calderone: A guide to New York City Fire Apparatus
Harvey Eckart: Mack Fire Apparatus-A pictorial history
Jürgen Kiefer: Feuerwehrfahrzeuge in Amerika
Matthew Lee: Seagrave-A pictorial history of Seagrave Fire Apparatus
Walter McCall: American Fire Engines since 1900
John R. Schmidt: We have a Box working-The Pittsburgh Fire Department
Donald F. Wood & Wayne Sorensen: Big City Fire Trucks volume 2
Fire Apparatus Journal
Diverse Kataloge der Fahrzeughersteller

Fotonachweis:

Spartan Pumper Chicago FD + Maxim S Pumper Hampton FD: Thomas Krause, Bad Vilbel
Caterpillar/Klein CFR Palm Beach Airport FD + LARC Tampa FD: Thomas Lunte, Wien
Fuel Tender Chicago FD: William Friedrich, Downers Grove,IL; Archiv Manfred Nonnenbroich, Leverkusen

alle anderen Bilder vom Autor

Fire Departments:

Non-municipal Fire Departments

Airports

Military